수학 비평
제2 접근

21세기
수학 영상이
민들 로봇다

❷ 꽃아서
수학총서
언어비평

잃어버린 수학을 찾아서 ②
21세기 수학 연산의 길을 묻다

2017년 6월 10일 초판 1쇄 찍음
2017년 6월 20일 초판 1쇄 펴냄

지은이   박영훈
디자인   노성일 designer.noh@gmail.com
펴낸이   이상
펴낸곳   가갸날
주 소   10386 경기도 고양시 일산서구 강선로 49 BYC 402호
전 화   070 8806 4062
팩 스   0303-3443-4062
이메일   gagyapub@naver.com
블로그   blog.naver.com/gagyapub
페이지   www.facebook.com/gagyapub

ISBN   979-11-87949-06-0 04410
        979-11-87949-03-9 04410 (세트)

이 도서의 국립중앙도서관 출판예정도서목록(CIP)은 서지정보유통지원시스템 홈페이지
(http://seoji.nl.go.kr)와 국가자료공동목록시스템(http://www.nl.go.kr/kolisnet)에서
이용하실 수 있습니다. (CIP제어번호 : CIP2017012864)

가나다

바용훌 지응

매온 온데
수형 미동

같은 몰다
수형 엉상이
21세기

엉이바린
수형등
❷ 옹아시

잃어버린 수학을 찾아서

12년 동안 수학을 배운다. 그렇게 긴 시간과 많은 노력을 들여 고생했건만, 그 내용이 실제 수학이라는 학문의 본질과는 거리가 멀다는 사실을 깨닫게 된다면 정말 허탈할 것이다. 하지만 사실이다. 일반인에게는 잘 알려져 있지 않지만, 대학의 수학과에서도 적지 않은 수포자가 나온다. 그들은 고등학교 때까지 수학을 잘한다고 부러움을 사던 학생들이다. 학문으로서의 수학이 그전까지 배운 수학과 너무 달라서 끝내 좌절하고 만 것이다.

문제는 학교 수학에 있다. 학교에서 가르치고 배우는 수학지식의 대부분은 2천년 이전의 것으로 고리타분 그 자체이다. 새로운 내용은 미적분과 확률 정도인데, 그마저도 3,4백 년 전의 것이다. 음악으로 치면 고대 바빌로니아의 음악이나 기껏 비발디나헨델 시대의 바로크 음악에 머무는 셈이다. 모차르트나 베토벤의 음악조차 만나지 못하는 것과 진배없다.

반드시 새로운 것을 가르쳐야 한다고 주장하는 것은 아니다. 비발디의 〈사계〉나 헨델의 〈오라토리오〉가 여전히 고전이듯이, 유클리드의 기하학과 8,9세기 아랍에서 유래한 대수학은 오늘날에도 유용하다. 문제는 이들 옛날 수학의 대부분이 회계나 토지 측량 같은 실용적인 필요에 의해 탄생했다는 점이다. 그래서 '이렇게 저렇게 따라 하면 답을 구할 수 있다'는 마치 요리책에 담긴 레시피를 알려주는 수준에 불과하다.

냉정하게 말하면 오늘의 학교 수학은 여전히 요리책 수준에 머물러 있다. 그러니 사람들이 수학 학습을 요리 레시피를 익히는 것쯤으로 인식하는 것은 지극히 당연하다. '이 공식에 대입하여 이렇게 식을 조작하면 답이 나온다'는 기계적인 문제 풀이를 수학이라고 생각하는 것이다. 그 결과 많은 시간을 들여 수학을 공부했건만 정작 수학이 무엇인지는 알지 못한다. 분수 계산은 할 수 있어도 분수가 유리수와 어떻게 다른지, 삼각형의 세 가지 합동조건은 줄줄 암송해도 그 의미가 무엇인지는 모른다. 나는 이를 '내비게이션 수학'이라고 규정한다. 내비게이션의 지시대로 운전해 정확하게 목적지에 도착했건만, 정작 어떤 길을 따라 운전했는지 알지 못하는 것과 같다.

물론 수학은 문제를 해결하는 학문이다. 표준적인 풀이 방식의 습득은 필요하다. 적용할 공식이나 따라야 할 절차를 찾아보는 것도 필요하다. 하지만 거기에 그쳐서는 안된다. 실제 수학 문제는 숫자를 대입하면 되는 공식이나 풀이가 유사한 문제를 찾아서 해결할 수 없는 경우가 더 많다.

문제가 무엇인지를 생각하는 것, 그것이 답이다. 누군가가 분류해놓은 문제의 유형에 주목하기보다는, 문제가 말하는 것이 무엇인지를 제대로 파악하고 생각해야 한다. 수학 지식의 의미를 파고드는 '수학적 사고'야말로 수학의 본질이고 핵심이다.

이제는 내비게이션 수학에서 탈피해야 할 때다. 내비게이션이 지시하는 대로 따라가다가 무심코 지나쳤던 길이 어떤 길이었는지 되돌아볼 수 있어야 한다. 도중에 왜 마을이 들이섰는지도 잠시 살피고, 전망 좋은 곳에 들러 멋진 경치를 감상하는 여유도 만끽하자.

'잃어버린 수학을 찾아서' 시리즈는 초등학교에 갓 입학하며 배우는 아라비아 숫자와 간단한 곱셈구구에서부터 미적분과 확률에 이르는 수학의 궤적을 새로운 패러다임으로 되짚어가는 야심 찬 기획물이다. 수학의 넓은 대지를 문명사적으로 종횡으로 누비며 수학의 본령에 다가가는 이 같은 시도는 국내에서는 물론 처음이거니와 해외에서도 사례를 찾기 어려울 것이다. 이 시리즈가 더 나은 가르침을 주고 싶은 교사들과 교과서 너머의 지식에 목말라 하는 학생들, 그리고 삶의 여정 속에서 수학 지식의 유용함을 믿는 신실한 이들에게 귀한 자양분이 되었으면 좋겠다. 부디 비틀스의 음악에서 베토벤의 선율을 발견할 수 있기를!

책머리에

덧셈/뺄셈과 곱셈/나눗셈을 모를 리 없다. 아무리 수학이 어렵다 하더라도 그까짓 계산쯤이야 할 것이다. 하지만 답을 구할 수 있다고 하여 계산의 의미까지 이해한다고 말할 수 있을까?

예를 들어보자. $2+3$과 $\frac{1}{2}+\frac{1}{3}$이라는 두 식에는 똑같은 덧셈 기호가 들어 있다. 여기에 쓰인 '+'의 의미는 과연 동일할까? 그렇지 않다. 같은 기호라도 연산의 대상에 따라 그 의미는 물론이고 계산 절차까지 다르다. 그래서 이 책은 모두 5개의 장으로 구성되었다.

1장은 학교에서 처음 배우는 자연수의 사칙연산을 다룬다. 얼핏 단순해 보이는 네 가지 기호 '+, −, ×, ÷'가 전혀 예상하지 못했던 여러 가지 상황을 나타낸다는 게 믿기지 않을지 모르겠다. 그 하나하나 속에 담긴 비밀스런 패턴을 발견할 수 있도록 안내한다. 그렇게 2장은 정수, 3장은 분수, 4장은 무리수, 5장은 허수의 세계로 확장된다.

1장과 3장은 초등학교, 2장과 4장은 중학교, 5장은 고등학교 수학에 해당하는 내용이다. 마지막 5장은 사실 허수의 연산이라기보다는 허수가 무엇인지를 탐색하는 내용에 중점을 두었다. 복소평면이 어떻게 만들어졌는지, 그전에 알고 있던 좌표평면과는 어떤 차이가 있는지 자못 흥미로울 것이다. 수학에서의 창의적 발상이 무엇인지를 보여주는 깜찍한 사례이다.

수학은 주로 수를 다루는 학문이므로, 계산을 수학의 기본이라고 여기는 뭇 사람들의 생각이 틀렸다고 부정할 수만은 없다. 하지만 나무에만 매달리면 숲을 볼 수 없다. 기계적인 반복 계산에 대한 지나친 강조는 오히려 수학적 능력을 억압하는 수단이 되고 만다. 수학은 보이지 않는 것을 볼 수 있도록 하는 하나의 도구이기에, 이 책을 통해 오늘날에 걸맞은 수학이 무엇인지 알 수 있다면 더할 나위 없겠다. 아무쪼록 독자들의 귓전에서 한 가닥 경보음이 울릴 수 있기를.

2017년 6월

박영훈

차례

성장이 멈춰버린 계산 천재들

1846년 어느 이른 봄날의 일이다. 미국 동부 버몬트 주에 위치한 작은 마을에 한 신사가 나타났다. 짙은 회색 코트 차림에 가죽 서류가방을 든 예사롭지 않은 모습이 시골마을 분위기와는 어울리지 않았기에 누구라도 도회지에서 온 사람임을 한눈에 알아볼 수 있었다. 검은 뿔테 안경이 인상적인 신사는 수학자 애덤스 목사였다. 그가 4시간이나 걸리는 긴 여행을 마다하지 않고 시골마을을 찾은 이유는 헨리 새포드라는 열 살짜리 소년을 만나기 위해서였다.

계산 천재 소리를 듣던 어린 시절의 헨리 새포드.

새포드는 암산에 특출한 재능을 보이는 신동 소리를 듣고 있었다. 버몬트 주뿐만 아니라 뉴잉글랜드 일대에 그의 소문이 자자했다. 새포드의 집을 찾아간 애덤스 목사는 아이의 계산 능력을 시험하였다. 아이를 보자마자 일곱 자리 숫자 9,663,597의 세제곱근이 얼마인지 물어보았다. 새포드는 기대를 저버리지 않았다. 일도 아니라는 듯 암산으로 정답 213을 맞춘 것이다. 애덤스 목사는 이번에는 365,125,248,276,354라는 15자리나 되는 수를 아이에게 보여주었다. 그리고 이 수를 제곱한 값이 얼마인지 물었다. 다음은 새포드가 문제의 답을 구하는 동안의 모습을 묘사한 애덤스 목사의 기록이다.

어린 새포드는 방안에서 팽이처럼 빙글빙글 돌기도 하고, 이쪽으로 왔다가 저쪽으로 갔다를 여러 번 반복했다. 잠시 후에는 바지를 신발 위로 걷어 올리기도 했다. 눈동자를 이리저리 굴리면서 이따금 미소를 짓기도 하고 혼잣말을 하는 것 같았다. 마치 커다란 고민에 빠진 듯이 깊은 생각에 잠기는 것 같은 자세를 취하기도 하였다. 이 모든 동작을 보여준 시간은 고작 1분밖에 걸리지 않았다. 소년은 곧 다음과 같이 말했다.

"정답은 133,316,446,928,869,149,647,955,533,316입니다."

이런 범상치 않은 능력을 가진 사람들이 이따금 나타나 사람들을 놀라게 하곤 한다. 새포드보다 한 세기 이상 앞선 18세기 초영국에서는 벅스턴이라는 이름의 또 다른 소년이 뛰어난 계산 능력 때문에 세인의 주목을 받고 있었다. 유명 인사가 된 벅스턴은 왕립 아카데미의 초청을 받아 런던 구경까지 나서게 되었다. 여행 일정에는 당시 인기리에 공연 중이던 연극 관람도 들어 있었다.

하지만 유감스럽게도 소년은 글을 읽고 쓸 줄 몰랐다. 그러니 공연되는 연극에 흥미를 느낄 리 없었다. 지루함을 참을 수 없었던 소년은 공연을 감상하는 대신에 배우들의 대사에 들어 있는 단어의 수와 춤출 때 밟은 스텝의 수가 몇인지를 세었다. 나중에 확인해보니 그의 수 세기는 모두 정확했다고 한다.

그런데 놀라운 사실은 뛰어난 계산 능력을 보여주었음에도 불구하고 정작 자신이 어떻게 계산하였는지 설명하지 못했다는 점이다. 간혹 뭔가를 말하려고 했지만 그의 설명이 너무 수준 이하여서 다른 사람이 도저히 알아들을 수가 없었다. 예를 들어 10^2 과 10^3을 곱할 때에도 지수인 2와 3을 더하면 된다는 사실조차 몰랐다. 10^2은 '한 다발', 10^3은 '한 묶음' 하고 자기만의 용어를 사용하였기에, 주변 사람들은 그저 어리둥절할 뿐이었다.

19세기의 독일에도 벅스턴과 비슷한 암산 능력을 가진 천재 소년이 나타났다. 함부르크 출신의 요한 다제라는 이름을 가진 아이였다. 그는 비교적 좋은 가정환경에서 태어나 자신의 능력을 계발할 수 있는 충분한 교육 기회를 가졌다. 그러나 계산과 숫자 암기에만 뛰어났을 뿐 다른 분야에서는 두각을 나타내지 못했다. 기하학을 배웠지만 제대로 이해하지 못했고, 모국어인 독일어 외에는 외국어도 구사하지 못했다. 계산 능력만큼은 정말 놀라웠다. 여덟 자리 두 수의 곱셈을 단 54초 만에 풀어내고, 20자리 수끼리의 곱셈은 6분 만에, 40자리 수끼리의 곱셈은 40분 만에, 그리고 100자리 수끼리의 곱셈은 8시간 45분 만에 정확한 답을 말할 수 있었다. 물론 이 모든 계산은 암산으로 해냈다.

빠르고 정확한 계산, 그것도 오로지 암산만으로 정답을 구하는 능력은 당시 사람들에게 무척이나 놀랍고 신기한 기술이었다. 머리 회전이 재빨랐던 한 사업가는 요한을 돈벌이에 이용하였다. 요한의 비범한 계산 능력을 보여주는 순회공연을 기획하여 독일, 오스트리아, 영국 등지를 돌아다녔던 것이다. 소식을 들은 수학자들도 공연을 관람하였다. 그들은 십대 소년 요한에게 수학 계산표를 작성하는 일을 맡기기도 하였다. 원주율 π의 근삿값을 구하는 작업 같은 것이었다. 요한은 단 두 달이라는 짧은 시간 동안에 원주율 π의 근삿값을 소수점 아래 200자리까지 정확하게 구하여 그들의 기대를 저버리지 않았다.

요한은 나중에 프러시아의 조사요원으로 일했다. 그는 1부터 1,005,000까지의 로그 값을 소수 일곱 자리까지 계산해내고, 쌍곡선 함수표를 작성하기도 하였다. 그가 열정을 바친 생의 마지막 과제는 7,000,000부터 10,000,000까지의 모든 자연수에 대한 약수 표를 만드는 일이었다. 1861년 사망할 때까지 주어진 과업의 절반 정도만 마칠 수 있었다. 그의 작업은 함부르크 과학기술원의 재정적 뒷받침 아래 수행되었다. 수학자 가우스가 그를 추천하였기에 이루어질 수 있었다. 수학의 모든 분야에서 일인자였던 가우스는 계산 작업에 보수를 지급하는 분야도 최초로 개척한 셈이다.

빠르고 정확한 계산 천재들! 미국의 새퍼드, 영국의 벅스턴, 독일의 요한이 보여준 놀라운 계산 능력은 기록으로 남아 지금까지 전해진다. 《파이π의 역사》를 집필한 베크만은 이들의 천재적인 계산 능력을 컴퓨터에 견주어 소개하였다. 하지만 지금 시점에서 보자면 베크만이 언급한 컴퓨터는 컴퓨터라고조차 할 수 없는 수준이었다.

당시 컴퓨터는 특수한 분야의 몇몇 사람들에게만 알려져 있었는데, 몇 개의 명령어를 입력해야만 작업을 수행하는 한낱 깡통 기계에 지나지 않았다. 처리 속도 또한 오늘날 모바일폰에 들어 있는 소형 계산기에도 미치지 못했다. 최첨단 컴퓨터라도 IBM에서 과학 계산을 위해 개발한 컴퓨터 프로그램 언어인 포트란Fortran을 사용하는 것이 고작이었다. 당시 획기적인 발명품이었던 포트란은 수식Formular 변환기Translator의 약자를 따 이름 붙인 것으로 빠른 계산을 수행할 수 있는 계산기라는 의미였다.

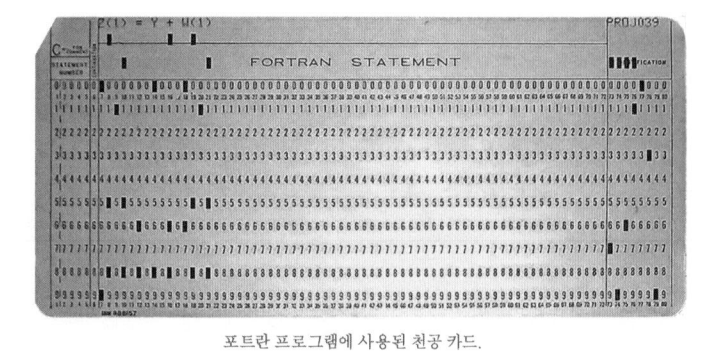

포트란 프로그램에 사용된 천공 카드.

컴퓨터의 뛰어난 능력은 엄청난 양의 정보를 기억할 수 있는 능력을 토대로 한다. 바로 이 점이 계산 천재라 일컬어지는 사람들에게서 발견되는 공통적인 특징이다. 그들은 기억이라는 측면에서 누구보다 뛰어난 능력의 소유자들이었다. 여러 개의 사물을 세어볼 필요도 없이 즉시 그 개수를 파악할 수 있는 능력은 분명 놀라운 것이다. 우리 같은 평범한 사람들은 직관적으로 한눈에 알아볼 수 있는 개수가 네 개, 다섯 개에 불과하고, 일곱 개나 여덟 개를 넘어서면 한눈에 가늠하기 어렵다. 시각적 이미지를 저장할 수 있는 능력에 한계를 갖고 있기 때문이다.

반면에 요한 다제는 책장에 꽂혀 있는 책이 모두 몇 권인지, 한 무리의 양떼가 몇 마리인지 한 번 힐긋 보고 나면 그 수를 정확하게 알아맞힐 수 있었다. 그는 대략 30개까지를 즉각 인식할 수 있었다고 한다. 그의 인지 능력을 실험하기 위해 인쇄물 한 장을 무작위로 선택해 보여주었다. 그랬더니 인쇄물 속에 들어 있는 문자의 개수가 모두 63개라고 정확하게 알아맞혔다.

이는 사진 현상과 같은 기억력을 가지고 있었기에 가능하다는 것이 베크만의 설명이다. 한 무리의 양떼를 힐긋 보고 나서 모두 몇 마리인지 직관적으로 개수를 파악할 수 있는 것은 그야말로 환상적인 기억력 때문이다. 머릿속에 박힌 사진의 이미지를 따라 세어볼 수 있기 때문이다. 12자리 숫자를 0.1초 내에 기억하고 특정 자리에 있는 수를 곧바로 말할 수 있는 것도 기억력 덕택이

었다. 그의 두뇌에 사진 현상과 같은 메커니즘이 작동했기 때문
에, 2,563,721,987,653,461,598,746,231,905,607,541,128,975,231
과 같은 43자리의 숫자를 거꾸로 불러주어도 원래의 숫자를 모두
반복할 수 있었다.

계산 천재들과 컴퓨터의 또 다른 공통점은 소위 '알고리즘'
처리에 능하다는 것이다. 알고리즘은 일종의 매뉴얼과 같은 것이
다. 구하려는 답을 얻기 위해 기계적으로 따르는 정해진 몇 가지
절차를 말한다. 예를 들어, 98+87이라는 덧셈을 수행하려면 다
음과 같은 순서를 따르면 되는데, 이를 알고리즘이라고 한다.

(1) 일의 자리 수끼리 더한다(8+7=15를 실행한다).

(2) (1)의 덧셈에서 십을 넘는 수가 있으면 이를 십의 자리
에 놓는다(15를 얻었으므로 1을 십의 자리에 놓는다).

(3) 십의 자리 수끼리 더하는데, 0을 제외한 한 자리 수로
더한다(9+8=17을 실행한다).

(4) (2)와 (3)의 결과를 더한다(1+17=18을 실행한다).

(5) (4)에서 얻은 값을 다시 십의 자리 수로 환원한다
(18을 원래 값 180으로 바꾼다).

(6) (1)에서 얻은 일의 자리 수와 (5)의 결과를 더한다
(5+180=185).

$$\begin{array}{r} 98 \\ +\ 87 \\ \hline \end{array}$$
$$\begin{array}{r} {}^1 \\ 98 \\ +\ 87 \\ \hline 5 \end{array}$$
$$\begin{array}{r} {}^{1}{}^{1} \\ 98 \\ +\ 87 \\ \hline 185 \end{array}$$

이렇게 문장으로 기술하면 매우 복잡한 것처럼 보이지만, 실제로 우리는 단 몇 초 만에 이런 계산 절차를 실행하여 답을 얻는다. 이런 알고리즘이 컴퓨터에 내장되어 있다. 천재 계산가늘도 머릿속에 들어 있는 컴퓨터 회로와 같은 알고리즘을 작동시켜 계산하는 것이다.

하지만 그것이 전부이다. 정확하고 빠른 계산을 처리할 수 있지만, 정작 자신이 어떻게 실행하였는지 지적 논리적으로 설명할 수 없다. 비록 설명할 수 있다손 치더라도 그 방법은 결코 세련된 것이 아니다. 그래서 수학적 연산과 계산은 구별되어야 한다.

대부분의 일반인들은 빠르고 정확한 계산을 수학적 능력으로 간주하며, 수학의 기본이 계산이라고 생각한다. 그 결과 수학을 잘하는 지름길은 계산과 수식 조작에 능통하고, 문제집에 실려 있는 문제 풀이법을 익히는 것이라 여긴다. 학교 수학도 대부분 유형별 문제 공략법에 집중되어 있다. 그래서 수학 가르치는 것을 문제 풀이 시범과 동일시한다. 하지만 이는 사고하는 학문으로서의 수학이 아니다.

그런 관점에서 보자면 천재 계산가들은 그저 계산만 잘하는,

그것도 싸구려 계산기가 처리할 수 있는 몇몇 기능에 한정된 능력을 보유했을 뿐이다. 따라서 그들의 능력에 대해 회의적인 결론을 내릴 수밖에 없다. 계산기는 단지 처리 속도가 빠르고 많은 양의 정보를 저장할 수 있을 뿐이다. 계산기에 지능이 있을 턱이 없으니 말이다. 주어진 명령에 노예처럼 작동하는 기계일 뿐이다. 입력 시에 약간의 오류만 있어도 작동을 멈추는 깡통으로 전락하는 것이 계산기이다. 그래서 베크만은 새퍼드나 요한 같은 암산 천재들을 특수한 기능을 가진 아둔한 머리의 백치에 불과하다며 평가절하했다.

그렇다면 계산은 왜 수학이 아니라는 것일까? 빠르고 정확한 계산이 수학적 능력과 관련이 없다면, 수학에서 말하는 계산은 무엇을 뜻하는 것일까? 이 책에서는 이런 질문에 답해나가려고 한다. 우리가 더하기(+), 빼기(−), 곱하기(×), 나누기(÷)를 모두 알고 있다고 생각하는 것이 얼마나 커다란 착각인지를 깨닫게 될 것이다. 같은 기호를 사용함에도 불구하고 자연수, 정수, 유리수, 무리수, 허수와 같이 수의 종류에 따라 그 의미가 전혀 다르게 쓰인다는 사실도 드러날 것이다. 3+2와 $\frac{1}{2} + \frac{1}{3}$은 계산 절차뿐만 아니라 덧셈의 의미도 다르다. 정말 그럴까?

1. 자연수의 사칙연산

합하기와 더하기는 다르다

덧셈 3+2의 정답이 5라는 것을 모르는 사람은 없다. 그렇다고 하여 그 의미까지 이해하고 있다고 말할 수 있을까? 하나의 덧셈식이 전혀 다른 두 가지 상황을 나타낸다는 것을 아는 사람은 그리 많지 않다. 다음 예를 보자.

(1) 거실에 남자 3명과 여자 2명이 있다. 거실에는 모두 몇 명이 있는가?

(2) 3명의 승객이 타고 있는 버스에 다음 정류장에서 2명

의 승객이 더 탔다. 버스 승객은 모두 몇 명인가?

두 문제 모두 3+2=5라는 매우 간단한 똑같은 덧셈식으로 나타낼 수 있다. 하지만 문제 상황의 구조까지 같은 것은 아니다. 우선 문제 (1)을 자세히 들여다보자. 남자와 여자를 함께 모으는 '합'습하기 상황이다. 다음 그림에서 좀 더 쉽게 파악할 수 있다.

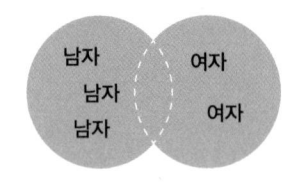

남자와 여자라는 서로 다른 속성을 가진 두 집합이 결합되어 새로운 하나의 집합이 만들어지고, 그 원소의 개수를 구하는 것이 '합'하기 상황의 구조이다. 다음은 '합'하기의 또 다른 예이다.

(1-1) 꽃병에 장미 3송이와 튤립 2송이가 있다. 모두 몇 송이인가?

남자와 여자 또는 장미와 튤립이라는 서로 다른 속성을 가진 두 집합을 함께 묶을 때, '+'라는 수학 기호를 사용하여 '3+2=5'라는 덧셈식으로 나타낸다. 따라서 '덧셈'과 '+'라는 수학 용어와 기호는 서로 다른 두 집합을 합하여 새로운 집합을 형성하는 과정을 뜻한다.

그런데 '덧셈'과 '+'라는 똑같은 용어와 기호가 합하기와는 다른 상황을 나타내는 데도 사용된다. 위의 (2)번 문제 상황이 그러하다. 버스에 타고 있던 3명의 승객에 2명의 승객이 '더'해지기 때문이다. 다음의 수직선은 이를 나타내기 위한 적절한 모델이다.

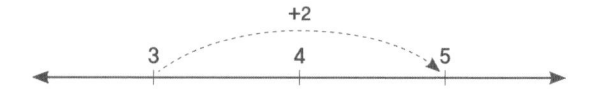

새로운 요소가 덧붙여지는 '더'하기 상황으로, 속성이 다른 두 집합을 결합하는 '합'의 상황과는 구조가 다르다. 일상에서 쉽게 접할 수 있는 '더'하기 상황의 또 다른 예를 보자.

(2-1) 사과 3개를 가지고 있었는데 형이 사과 2개를 더 주었다. 나는 모두 몇 개의 사과를 가지고 있는가?

더하기와 합하기 상황은 3+2=5라는 똑같은 덧셈식으로 나타내기 때문에 겉으로는 쉽게 구별되지 않는다. 하지만 두 가지 상황 구조의 차이는 식에 들어 있는 숫자 3과 2가 서로 다른 의미를 갖는다는 사실에서 확연하게 드러난다.

합하기 상황에서 3과 2는 각각 '남자와 여자' 또는 '장미와 튤립'이라는 서로 다른 집합의 원소 개수이다. 따라서 두 수는 동등하게 취급된다. 하지만 더하기 상황은 다르다. 앞의 숫자 3이 '먼저 탑승한 사람의 수' 또는 '먼저 가지고 있던 사과의 개수'인 데 반해, 뒤의 숫자 2는 '나중에 탑승한 사람의 수' 또는 '나중에 갖게 된 사과의 개수'이니, 말 그대로 '덧붙여지는' 대상이다. 벤 다이어그램이 아닌 수직선 그림에서 두 숫자의 역할이 분명하게 구별된다. 덧셈식의 처음 숫자 3은 수직선 위의 어느 한 점, 즉 출발점을 나타낸다. 더하는 수 2는 수직선 위에서 오른쪽으로 2칸 이동함을 보여준다. 다음과 같은 문장으로 쓰면 그 뜻이 더 분명해진다.

"셋을 가고, 둘을 더 간다."

합하기 상황에서 동등하게 다루어졌던 3과 2라는 두 숫자가 더하기 상황에서는 '3보다 2를 더'라고 하여 더하는 수와 더해지는 수가 구별된다. 더하기는 합하기에 비해 더 역동적임을 알 수 있다. 이처럼 두 상황의 구조가 다르지만, 덧셈이라는 하나의 용어에 묻혀 그 의미가 구별되지 않는다. 아마도 더하기는 다음과 같은 흐름에서 나타났을 것이라고 짐작된다.

'더한다' → '더하는 셈' → '덧셈'

늘어나거나 덧붙여진 결과를 헤아리는 것이 '더하는 셈'이고, 그 줄임말인 '덧셈'이라는 용어로 발전하였다. 두 집합을 결합하는 합슴하기라는 한자어는 그 이후에 도입되었을 것이다. 두 가지 상황은 구조가 다름에도 불구하고 결과가 같기 때문에, 덧셈과 합산을 구분하지 않고 혼용하였을 것이다. 하지만 덧셈과 합산은 구조가 다른 상황을 나타내는 연산이다. 그 차이는 취학 전 아이들의 연산 발달 과정, 특히 수 세기에서도 확인할 수 있다.

수학을 처음 만나는 곳은 학교가 아니다. 취학하기 전에 이미 일상 속에서 수학을 경험하게 된다. 덧셈도 그 중 하나이다. 물론 덧셈을 나타내는 수학 기호 '+'와 등호 '='를 결합한 3+2=5 같은 형식적인 덧셈식은 학교에서 처음 배운다. 하지만 덧셈은 이미 그 이전에 개수 세기를 익히면서 자연스럽게 습득한다. 글을 배우기 전에 말을 배우듯이, 덧셈 개념은 덧셈식 표현을 배우기 이전에 확립된다. 숫자가 수 개념을 기록한 문자이듯이, 덧셈식은 머릿속에서 진행되는 덧셈 개념을 눈으로 볼 수 있게 시각화한 기호일 뿐이다. 그러므로 일상적인 의미의 덧셈과 형식적인 덧셈식은 구별해야 한다.

이제부터 아이들의 수 세기 활동이 덧셈으로 이어지는 과정을 살펴보도록 하자. 이 때에도 합하기와 더하기 상황에 따라 서로 다른 형태의 수 세기가 나타난다. 우선 남자 3명과 여자 2명을 더하는 합하기에서 수 세기가 어떻게 진행되는지 알아보자. 이제막 수 세기를 배운 아이는 각각의 개수를 세어 3과 2를 확인한 다음, 두 집합을 결합한 새로운 집합의 원소 개수 5를 다시 헤아린다. 이러한 헤쳐 모으기 과정에는 '모두 세기'가 적용된다. '모두 세기'는 나중에 대부분의 측정 상황에서 덧셈 개념을 확장하는 토대가 된다. 예를 들어, 두 물건의 무게나 길이를 측정해 합하는 경우, 또는 두 개 이상의 상품을 사고 그 가격을 합할 때에도 '모두 세기'가 적용된다. '모두 얼마인가'라는 물음에 답하는 상황이 모두 세기이다.

반면에 3명이 타고 있던 버스에 2명의 승객이 더 승차하는 '더하기' 상황에서는 전체를 헤아리는 모두 세기가 아니라, 더해지는 수 3에서 출발해 2만큼 더 세는 '이어 세기'가 적용된다.

아이들은 학교에 입학하기 전의 일상에서 이미 이 두 가지 덧셈 상황을 경험하며 수 세기를 연습한다. 손가락을 접었다 폈다 하며 수 세기를 익히는 것이다. '모두 세기'와 '이어 세기'라는 중간단계를 거쳐 합하기와 더하기가 하나의 덧셈식으로 동일하게 표현되는 토대가 마련된다.

뺄셈을 알고 있다고?

덧셈과 마찬가지로 8-3이라는 뺄셈의 답이 5라는 것은 누구나 말할 수 있다. 그렇다고 뺄셈을 이해한다고는 말할 수 없다. 8-3=5라는 단순한 뺄셈식도 다음과 같이 여러 다른 상황을 나타낸다.

(1) 쌀 8가마가 쌓여 있는데 그 가운데 3가마를 차에 실었다. 몇 가마가 남아 있는가?

(2) 방 안에 있는 사람 8명 가운데 3명은 남자고, 나머지

는 여자다. 여자는 몇 명인가?

(3) 사과 8개와 배 3개가 있다. 사과는 배보다 몇 개 더 많은가?

(4) 오늘 기온은 어제보다 3도 떨어졌다. 어제 기온이 8도였다면, 오늘 기온은?

(5) 3살짜리 동생이 8살이 되려면 몇 해가 지나야 하나?

제시된 다섯 문제 모두 8-3=5라는 똑같은 뺄셈식이 적용된다. 하지만 상황의 구조는 다 다르다. 하나씩 차례로 살펴보자.

(1) 쌀 8가마가 쌓여 있는데 그 가운데 3가마를 차에 실었다. 몇 가마가 남아 있는가?

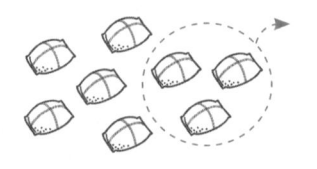

뺄셈의 원조라 할 수 있는 전형적인 문제다. 주어진 대상 8개에서 그 일부인 3개를 분리하여 제거하는 상황이다. '덜어낸다' 또는 '빼어낸다'는 상황이므로 '8-3'이라는 뺄셈식은 '빼어낸 나머지를 셈한다'는 것을 뜻한다. '뺄셈'이라는 수학 용어는 여기서 파생된 것이다.

'뺀다' → '빼는 셈' → '뺄셈'

이와 같이 뺄셈은 어떤 대상 전체에서 일부를 없애거나, 가져가거나, 먹어버리거나, 잃어버리거나, 또는 스스로 사라져버리거나 등등의 이유로 개수가 줄어들었을 때, 남아 있는 대상의 개수를 알고자 하는 상황에 적용된다. 이때의 뺄셈은 '몇 개가 남아 있는가?'라는 물음에 답하는 수식이다. 물론 이 뺄셈은 개수세기만이 아니라 측정 상황에도 그대로 적용된다. 쓰고 남은 화폐의 양, 잘라낸 부분을 제외한 나머지 길이, 또는 어떤 액체의 일부를 덜어내고 용기 안에 남은 양을 가리킬 수도 있다. 이 경우 '몇 개인가' 대신에 '얼마 남아 있는가?'로 질문이 바뀌겠지만, 문제의 기본 구조가 바뀌는 것은 아니다.

다음 두 번째 뺄셈 상황의 문제를 살펴보자.

(2) 방 안에 있는 사람 8명 가운데 3명은 남자고, 나머지는 여자다. 여자는 몇 명인가?

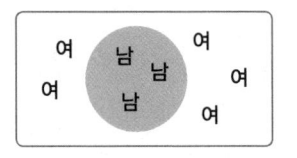

첫 번째 뺄셈 상황과는 출발점에서 차이가 드러난다. 전체 8

개는 속성이 다른 두 집합 남자와 여자로 구성되어 있다. 8이라는 수가 똑같은 쌀가마 개수를 나타내는 것과는 다른 상황이다. 그 중 남자가 아닌 여자가 몇 명인지를 구하는 상황이다. 집합에서 보면 여집합餘集合의 원소의 개수를 구하는 것이다.

전체 중에서 일부를 제거한 나머지를 구한다는 면에서는 첫 번째와 동일하지만, 속성이 다른 이질적인 두 집합이 전체를 이루고 있다는 점에서 문제 상황의 구조가 다르다. 질문 자체도 '얼마 남아 있는가?'에서 '…가 아닌 것은 몇 개인가?'라는 형식으로 바뀌었음에 주목하라.

다음 세 번째 뺄셈 상황의 문제를 생각해보자.

(3) 사과 8개와 배 3개가 있다. 사과는 배보다 몇 개 더 많은가?

이 문제도 8-3이라는 똑같은 뺄셈식으로 나타낸다. 하지만 서로 다른 두 개의 대상을 비교하여 그 차이를 구하는 문제라는 점에서 앞의 두 문제 상황과 구별된다. 그림에서 보듯이 각각 8개와 3개인 두 대상을 배열하여 놓은 후, '차이'를 구하기 위해 뺄셈식 8-3을 적용한다. 비교하여 차이를 구하는 이 상황은 분리하여 제거하는 원래의 뺄셈만큼이나 일상에서 많이 접할 수 있다.

문제 상황도 그렇지만 질문 형식도 앞의 것들과는 확연하게 다르다. '얼마 더 많은가?' '얼마 더 적은가?' 또는 '차이는 얼마인가?' 같은 형식으로 질문한다. 주어진 상황에 따라 다른 여러 표현으로 답할 수 있다. 더 많다 또는 더 적다, 더 길다 또는 더 짧다, 더 크다 또는 더 작다, 더 빠르다 또는 더 느리다, 더 비싸다 또는 더 싸다, 더 높다 또는 더 낮다, 더 무겁다 또는 더 가볍다, 더 두껍다 또는 더 얇다 등등의 답이 나올 수 있다. 앞의 두 상황과는 구조가 사뭇 다름을 알 수 있다.

이제 네 번째 뺄셈 상황의 문제를 살펴보자.

(4) 오늘 기온은 어제보다 3도 떨어졌다. 어제 기온이 8도였다면, 오늘 기온은?

다음과 같은 문제들도 모두 상황 구조가 같다.

"엘리베이터가 8층에서 출발하여 3층을 내려갔다. 현재 몇 층에 서 있는가?"

"1kg짜리 추를 8개 쌓아올린 저울에서 3개를 내려놓으면 몇 kg인가?"

뺄셈은 순우리말이지만, 한자어로는 감산減算이라고 한다.
여기 네 번째 문제 상황은 줄어든다는 뜻이 들어 있기에, 뺄셈보
다는 감산이라는 용어의 의미가 너 어울린다. 분리하여 제거하
는 것도 아니고, 속성이 다른 것을 제외하는 것도 아니며, 두 대
상을 비교하는 것도 아니다. 덧셈과 합산이 그랬듯이, 뺄셈과 감
산도 처음부터 같은 의미로 사용된 용어가 아니다. 8층에서 3개
층을 거꾸로 내려가고, 8개의 추에서 3개의 추를 내려놓고, 온도
계의 눈금이 8도에서 3칸 밑으로 내려가는 것처럼, 감산은 수 세
기와 관련지을 때 그 의미가 더 분명하게 드러난다. 덧셈에서 보
았던 '이어 세기'의 역인 '거꾸로 세기'이다.

이제 뺄셈의 마지막 상황을 살펴보자.

(5) 3살짜리 동생이 8살이 되려면 몇 해가 지나야 하나?

이 뺄셈 상황은 지금까지 살펴본 네 가지 상황과는 다르다.
어쩌면 8-3이라는 뺄셈식보다는 3에서 출발하여 8에 이르는 다
음과 같은 덧셈식으로 표현하는 것이 더 어울린다.

$$3 + \square = 8$$

이 덧셈식에서 □ 안에 들어갈 수를 구하기 위한 뺄셈식

8-3을 말한다. 실제로 이는 뺄셈에 대한 수학적 정의를 보여주는데, 일반적인 형식으로 다음과 같이 나타낼 수 있다.

$$a-b = x \quad \Leftrightarrow \quad b+x = a$$

언어로 나타내면 다음과 같다.

a에서 b를 빼는 것($a-b$)은 b에 덧셈을 하여 a가 되도록 하는 수(x)이다.

따라서 수학적 연산에서의 뺄셈은 일반적인 계산에서의 뺄셈과는 다른 의미이다. 뺄셈은 덧셈과 동등한 위치에 있지 않기 때문이다. 뺄셈은 그저 덧셈에서 파생되는, 즉 덧셈의 역이라는 관계로 정의되어 있으므로 덧셈의 보조 역할에 불과하다.

이로써 연산과 계산의 차이가 극명하게 드러났다. 계산을 할 수 있다고 해서 연산의 구조까지 이해하는 것이 아니라는 사실도 확인되었다. 계산만으로는 뺄셈의 구조적인 정의를 쉽게 이해할 수 없다. 이러한 수학적 정의에 대한 이해야말로 수학의 본질이기에, 수학과 산수는 확연하게 구별된다. 수학적 사고는 단순 계산과는 전혀 다르다.

8-3이라는 뺄셈식의 구조를 좀 더 자세히 들여다보자. 지

금까지는 이 식에서 먼저 뺄셈의 대상인 수(피감수) 8에 주목했다. 주어진 전체 8개에서 그 일부인 3개를 제거하여 남는 것을 헤아렸다. 또는 8과 3을 비교하며 차이를 헤아리거나, 8에서 시작하여 3만큼 거꾸로 세어가는 것에만 초점을 두었다. 하지만 지금처럼 뺄셈을 덧셈의 역의 관계로 관점을 전환하면, 새로운 발상이 요구된다. 피감수가 아닌 감수, 즉 전체가 아닌 부분을 지칭하는 3에서 시작하여 8이라는 종착점에 이르도록 해야 한다. 앞의 것과는 전혀 다른 사고 과정이므로, 새로운 발상의 전환이 요구된다.

지금까지 8-3=5라는 매우 간단한 뺄셈식을 예로 들어, 계산과 연산의 차이를 살펴보았다. 그 속에는 수학의 특성인 추상성과 일반성도 함께 들어 있다. 여러 다양한 상황을 하나의 식으로 나타내는 추상화의 과정과 역으로 뺄셈식 하나를 가지고 무수히 많은 다양한 상황에 적용하는 일반화의 가능성이 그것이다. 원래의 뺄셈식은 '분리하여 제거하는 상황'에서 출발한 매우 간단한 식이었다. 그런데 단순한 하나의 뺄셈식이 '여집합의 원소 개수 구하기' '비교를 위한 차이 구하기' '감소된 양 구하기' 등의 다양한 상황에 적용될 수 있음은 정말 놀랍지 않은가. 여기서 추상적인 수학식의 특성과 장점이 드러난다.

곱셈의 세 가지 의미

초등학교에 다니는 우리 아이들 대부분은 곱셈만큼은 자신 있는 것 같다. 중국, 일본, 인도, 터키 등과 함께 학교에서 곱셈구 구를 암기하도록 하는 몇 안되는 나라 가운데 하나이기 때문이 다. 하지만 계산을 할 수 있다고 하여 문제의 본질을 이해하거나 연산의 의미를 파악했다고 말할 수 없는 것은 곱셈에도 적용된 다. 실제로 곱셈이 무엇인지 그 의미를 명쾌하게 말할 수 있는 사 람은 그리 많지 않다. 다음 예를 살펴보자.

무게가 2kg씩 똑같은 오리 3마리의 무게는 모두 얼마인가?

2×3=6이라는 간단한 곱셈식으로 6kg이라는 답을 구할 수 있는 곱셈 문제이다. 이때의 곱셈식 2×3은 2+2+2라는 덧셈식과 다르지 않다. 똑같은 수 2를 3번 거듭하여 더하는 동수누가同數累加의 원리가 적용된다. 곱셈은 이렇듯 처음에 덧셈에서 출발한다. 수직선에서 이 과정을 한눈에 확인할 수가 있다.

$$2×3 = 2 + 2 + 2$$
$$7×5 = 7 + 7 + 7 + 7 + 7$$

처음 곱셈을 배우는 어린이에게는 다음처럼 좀 더 자연스럽고 쉬운 문제를 제시한다.

"오리 5마리의 다리는 모두 몇 개인가?"

똑같이 오리를 대상으로 하며 결과도 2×5=10이라는 똑같은 곱셈식이 적용된다. 그럼에도 오리 무게 구하기와 다리 개수 구하기는 큰 차이가 있다. 만일 여러분이 이를 구별할 수 있다면 상당한 수학적 감각의 소유자라고 자부해도 좋다. 다리 2개와 무게 2kg 사이의 수학적 차이를 구별할 수 있으니 말이다. 전자는 개수를 하나씩 셀 수 있는 이산량이고, 후자는 그렇지 않은 연속량이다. 곱셈을 처음 배울 때에는 무게와 같은 연속량보다는 자연수를 사용하는 이산량이 적용되는 상황부터 도입하는 게 좋다.

오리 5마리의 다리가 몇 개인지 개수를 구하는 문제는 곱셈이 적용되지만, 곱셈은커녕 덧셈식조차 배우지 않은 유치원 어린이도 정답을 말할 수 있다. 수 세기를 할 수 있으면 된다. 오리 5마리의 다리를 일일이 세어보면 되기 때문이다. 덧셈식을 배웠다면 이를 곱셈식으로 나타낼 수 있다. 곱셈 기호로 표기하는 법만 알려주면 된다.

$$2 + 2 + 2 + 2 + 2 = 2 \times 5$$

2×5라는 곱셈식은 오리 한 마리의 다리 개수 2를 하나의 단위 또는 하나의 묶음으로 보고, 이 단위(묶음)를 다섯 번 반복하여 더하는 동수누가의 원리를 그대로 보여준다. 처음에 제시한 2kg짜리 오리 세 마리의 무게를 구하는 것도 다르지 않다.

이처럼 곱셈을 도입할 때에는 같은 수를 반복적으로 거듭해 더하는 '동수누가의 원리'에서 출발하는 것이 자연스럽다. 수세기나 덧셈의 원리를 적용한 것으로 덧셈식을 보다 간편하게 표현한 것이다. 예를 들어 3을 100번 더하기 위해 3이라는 숫자를 '+' 기호와 함께 100번 거듭해 써야 한다면 얼마나 번거로운가? 곱셈을 적용하면 3×100과 같이 간단히 표기할 수 있다.

하지만 동수누가만으로는 곱셈에 대한 설명이 충분하지 않다. 덧셈과 관계없는 곱셈도 있다.

"무게 2kg인 오리의 무게가 1년 후 3배로 증가했다. 오리의 무게는 얼마가 되었는가?"

2×3이라는 똑같은 곱셈식을 적용하여 정답 6kg을 얻는다. 하지만 이때의 곱셈 2×3은 동수누가와는 전혀 관련이 없으니, 2+2+2로 나타낼 수 없다. 어느 날 갑자기 오리 무게가 2kg 늘어나고 다시 또 2kg 늘어나서 6kg이 된 것은 아니지 않은가.

문제에 제시된 '3배'라는 용어에 주목하라. 이때의 배 개념은 2+2+2 같은 덧셈식으로 설명이 되지 않는다. 똑같은 곱하기 기호 '×'를 사용했지만 동수누가와는 전혀 다른 상황이며, 같은 곱셈식이지만 의미가 다르다.

동수누가가 아닌 배 개념이 적용되는 곱셈 상황의 또 다른 예를 들어보자.

"온도계에 들어 있는 빨간 수은주의 길이가 현재 5cm다. 온도계를 불 옆에 두었더니 수은주의 길이가 네 배 늘어났다. 늘어난 수은주의 길이는 얼마인가?"

"마당에 있는 사과나무의 사과가 작년에는 13개밖에 열리지 않았다. 올해는 날씨도 좋고 병충해도 없어 사과가 작년에 비해 5배나 많이 열렸다. 올해 수확할 수 있는 사과는 모두 몇 개인가?"

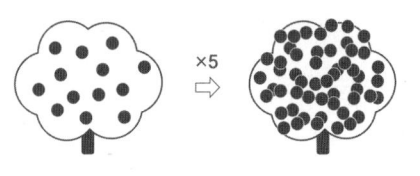

두 문제는 각각 곱셈식 5×4와 13×5로 해결되지만, 5+5+5+5=20이나 13+13+13+13+13=65라는 덧셈식과는 관련이 없다. 이때의 곱셈 기호 '×'는 처음에 주어진 것을 하나의 '단위'

로 하여 '그 단위가 얼마만큼 늘어났는지'를 나타내기 때문에 동수누가와는 다르다. 물론 곱셈식만으로는 동수누가와 배 개념이 적용되는 상황의 차이를 구별할 수 없다.

곱셈을 처음 배울 때 동수누가의 원리에만 과도하게 집착한 나머지, 배 개념이 적용되는 곱셈 개념의 이해에 어려움을 겪는 경우가 종종 나타난다. 편식으로 영양 결핍이나 발달 지연 등의 부작용이 발생하듯이. 그럴 경우 나중에 배우게 되는 분수 곱셈의 의미를 파악하는 데 걸림돌이 될 수 있다. 예를 들어, $10 \times \frac{1}{2}$ 같은 분수의 곱셈에는 동수누가를 적용할 수 없다. 곱하는 수인 분수 $\frac{1}{2}$ 을 $\frac{1}{2}$ 번 더하는 것으로 해석할 수 없기 때문이다. 그런데도 다음과 같은 반응이 나타난다.

"어! 곱셈을 하였는데 왜 줄어들지?"

같은 수를 계속 반복하여 더하는 동수누가의 결과는 원래 값보다 항상 증가할 수밖에 없다. 하지만 $10 \times \frac{1}{2}$ 과 같이 분수를 곱한 결과 5는 원래의 수 10보다 작게 나온다. 배 개념이 형성되어야만 이해할 수 있는 원리다.

배 개념과 동수누가의 차이를 좀 더 살펴보자.

누군가 새로운 현금지급기를 발명했다고 한다. 무엇이든 입력만 하면 곱하기 5라는 연산을 실행하여 그 결과물을 출력하는 획기적인 기계이다. 이런 곱하기 기능을 갖춘 새로운 현금지급기에 만 원짜리 지폐 두 장을 입력하였다면, 어떤 결과를 기대할 수 있을까?

SF 공상과학 영화에나 등장할 법한 이야기지만, 이 물음의 답은 당연히 십만 원이다. 그런데 그 결과물은 만 원짜리 열 장일 수도 있고, 오만 원짜리 지폐 두 장일 수도 있다. 어떤 선택을 하는 것이 옳을까? 그리고 그 이유는?

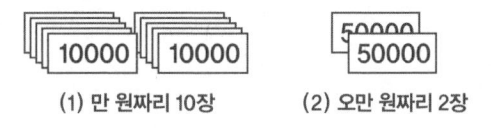

(1) 만 원짜리 10장   (2) 오만 원짜리 2장

이 문제 풀이는 독자 여러분이 곱셈에 어떤 관점을 가지고 있는지를 파악하는 기회를 제공한다. 정답이 10만 원이라는 것은 누구나 알고 있지만, 문제의 핵심은 만 원짜리 지폐 열 장인지 아니면 5만 원짜리 2장인지를 밝히라는 것이다. 이는 '곱하기 5'라는 연산의 의미를 어떻게 해석할 것인가에 전적으로 달려 있다.

우선 만 원짜리 지폐 10장이라는 답을 어떻게 얻었을까를 생각해보자. 일단 만 원짜리 지폐 2장을 하나의 단위 또는 한 묶음으로 본다. 그리고 곱하기 5를 이 단위의 5묶음으로 해석하여, 똑같은 수 2를 5번 더한 값 10만 원을 답으로 하였다.

$$2+2+2+2+2=10$$

같은 수를 거듭하여 더한 '동수누가의 원리'를 적용한 것이다. 그런데 두 번째 반응, 즉 5만 원짜리 지폐 2장이라는 답을 얻는 과정은 이와는 확연하게 차이가 있다. 우선 '곱하기 5'를 만 원짜리 지폐 한 장에 적용하여 5만 원짜리 지폐를 얻는다. 만 원짜리 지폐 5장이 되는 동수누가와는 다른 접근이다. 만 원의 가치가 5배 확대되어 '5만 원'짜리 지폐를 얻은 것이다. 이렇게 얻은 오만 원짜리 지폐가 2장으로 10만원이 된 것이다.

하나의 곱셈식이 동수누가로도, 배 개념으로도 파악될 수 있음을 보여주는 가상 상황이다. 재미있는 현상은 대부분의 사람들이 만 원짜리 10장을 선택한다는 사실이다. 그만큼 배 개념보다는 동수누가의 원리가 곱셈에 대한 인식을 지배한다. 하지만 현실에서는 오직 배 개념만으로 곱셈의 의미를 찾아야 하는 경우가 더 많다. 앞에서 예를 든 곱셈 상황을 다시 떠올려 보라.

'무게 2kg인 오리의 무게가 일 년 후에 3배가 되었다.'

'온도계의 수은주 길이 5cm가 네 배 늘어났다.'

'사과 13개밖에 열리지 않았던 사과나무의 열매가 5배 많이 열렸다.'

이들 문제 상황의 특징은 각 대상들의 속성에 일정한 변화가 나타나는 점이다. 동수누가에서는 볼 수 없는 현상이다. 개수를 셀 수 있는 사과나무 열매의 경우에도 사과나무 자체에 근본적인 변화가 발생하였고, 오리와 수은주도 그 자체에 변화가 생겼다. 덧셈을 기계적으로 반복할 수 없는 배 개념은 이러한 변화를 직관적으로 파악해야만 접근할 수 있다.

Tip

3×2는 3개씩 2묶음인가, 2개씩 3묶음인가

같은 값을 거듭하여 더하는 동수누가의 관점에서 곱셈식 3×2는 3이 2개 있다는 것인가, 아니면 2가 3개 있다는 것인가? 또는 어느 경우라도 결과가 6이 되므로, 어떻게 생각하든 별로 문제될 것이 없는 것인가?

3×2라는 곱셈식은 다음 중 어느 하나를 말한다.

$$3×2 = 3+3 \quad (1)$$
$$3×2 = 2+2+2 \quad (2)$$

우리는 3×2를 3+3으로 풀이하는 관례를 택한다. 즉 3

개를 하나의 묶음으로 할 때 두(2) 묶음의 개수로 해석하는 것이다. '관례'이기 때문에 수학적 법칙은 아니다! 그런데 영어에서 3×2는 three times two라 하여 2+2+2를 뜻한다. 이는 어순의 차이에서 비롯된 것이다. 우리말은 3 곱하기 2 또는 3의 2배라 하여 단위 묶음의 양을 먼저 밝히고, 그 다음에 모두 몇 묶음인지 제시한다. 반면에 영어는 그 반대의 순서로 나타낸다. 'three times as much money' 'twice as many boys' 'one-half of that pizza' …에서 보듯이 몇 묶음인지를 먼저 드러내 보여주기 때문에, 문법체계가 다르다. 수학식은 만국공용어이지만, 수학적 표현은 그 나라 언어의 문법체계를 벗어날 수 없다.

우리 대부분은 3×2로 나타내든 2×3으로 나타내든 그렇게 문제될 것이 없다고 생각한다. 하나의 묶음에 몇 개가 들어 있고 그런 묶음이 몇이라는 사실만 알고 있으면, 어떤 식으로 나타내더라도 결과는 같으니까. 하지만 이는 자연수의 곱셈에서만 그렇다.

예를 들어 2×1.5 와 1.5×2 같은 소수의 곱셈, 또는 $3 \times \frac{1}{2}$과 $\frac{1}{2} \times 3$ 같은 분수의 곱셈에서 그 의미를 어떻게 해석할 것인가 하는 문제에 부딪친다. $3 \times \frac{1}{2}$은 3의 절반, 즉 3의 $\frac{1}{2}$

배(3이 $\frac{1}{2}$개 있다고는 말할 수 없다)이고, $\frac{1}{2} \times 3$은 $\frac{1}{2}$이 3개 있다는 것이므로 의미가 다르다. 다음 그림에서 확인할 수 있다.

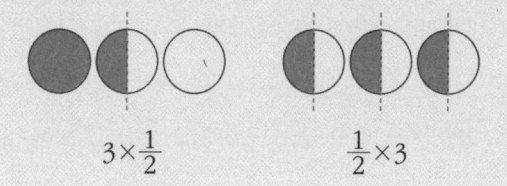

$$3 \times \frac{1}{2} \qquad\qquad \frac{1}{2} \times 3$$

3장 '분수의 연산은 무엇이 다른가'에서 분수 곱셈의 의미를 다시 살펴볼 것이다. 여기서는 곱셈의 의미가 수의 종류에 따라 다르다는 것만 알아두자.

곱셈에는 동수누가와 배 개념 이외에 또 다른 의미가 존재한다. 다음 상황을 예로 들어보자.

티셔츠와 와이셔츠 중에서 하나 그리고 반바지, 청바지, 치마 중에서 하나를 골라 상의와 하의가 결합된 옷차림을 몇 가지 만들 수 있을까?

이 문제는 다음과 같이 각각 상의와 하의를 나타내는 두 집합 A와 B에서 다음과 같은 순서쌍으로 구성된 새로운 집합을 만드는 것으로 해석할 수 있다.

A = { 티셔츠, 와이셔츠 }

B = { 반바지, 청바지, 치마 } 일 때

A×B = { (티셔츠, 반바지), (티셔츠, 청바지), (티셔츠, 치마),

(와이셔츠, 반바지), (와이셔츠, 청바지), (와이셔츠, 치마) }

A×B라는 곱집합의 원소는 집합 A의 원소 하나와 집합 B의 원소 하나를 결합한 순서쌍이다. 원소의 개수가 각각 2와 3인 두 집합 A와 B의 곱집합인 A×B가 몇 개의 원소를 가지는가를 구할 때 곱셈 2×3=6이 적용된다. 직사각형 모델에 의해 이를 눈으로 확인할 수도 있다.

	반바지	청바지	치마
티셔츠	티셔츠, 반바지	티셔츠, 청바지	티셔츠, 치마
와이셔츠	와이셔츠, 반바지	와이셔츠, 청바지	와이셔츠, 치마

두 집합을 결합한 순서쌍으로 이루어진 곱집합의 원소가 모두 몇 개인지를 구할 때 적용되는 곱셈은 동수누가나 배수와는 전혀 다른 새로운 의미의 곱셈 개념이다. 이처럼 자연수를 대상으로 똑같은 곱셈 기호(×)를 사용하지만, 상황에 따라 그 의미

가 전혀 다를 수 있다. 이제부터는 곱셈의 의미에서 벗어나 계산 절차를 살펴보자.

세계의 신기한 곱셈법

6×7의 값을 구하려고 늘 6을 7번 더할 수는 없다. 정답을 빠르게 얻을 수 있는 도구가 곱셈구구이다. 그래서 학교에서는 곱셈구구를 무조건 암기하도록 한다. 이 또한 일본 식민지 교육의 잔재이지만, 나름 커다란 효과를 거두고 있기에 지금도 여전히 성행한다. 하지만 곱셈구구 암기만이 유일한 방안은 아니다. 곱셈구구를 몰랐던 옛날 프랑스 시골사람들의 재미있는 곱셈 계산법을 소개한다. 예를 들어 6×7=42라는 곱셈을 어떻게 하였는지 알아보자.

6은 5+1이므로 5를 제외한 1을 오른손 손가락 한 개를 접어 나타낸다. 그 다음에 7은 5+2이므로 5를 제외한 2를 왼손 손가락 두개를 접어 나타낸다. 양손의 접은 손가락 개수 3개에 10을 곱하여 30을 얻는다. 아직 접히지 않은 손가락이 오른손에 4개, 왼손에 3개가 있다. 이 두 수를 곱하여 4×3=12를 얻는다. 4와 3은 작은 수이기에 4를 3번 더하는 암산으로 가능하다. 마지막으로 30과 12를 더하여 42를 얻는다. 6×7=42와 값이 같다.

오른손   왼손

옛 프랑스 사람들의 손가락 곱셈이 마냥 신기할 따름이다. 여기에도 분명히 나름의 수학적 원리가 들어 있을 것이다. 단순한 흥밋거리로만 보지 말고 어떤 원리가 들어 있는지 좀 더 살펴보자. 그 자체가 수학적 사고의 한 사례이니까.

위에서 언급한 6×7=42라는 곱셈의 원리를 수식으로 나타내면 다음과 같다.

$$6×7 = (10-6)×(10-7)-100+6×10+7×10$$
$$= (10-6)×(10-7)-100+(5+1)×10+(5+2)×10$$
$$= 4×3-100+5×10+5×10+1×10+2×10$$

$$= 4 \times 3 - 100 + 50 + 50 + (1+2) \times 10$$
$$= 12 + 30 = 42$$

위의 식을 말이나 글로 설명하면 훨씬 더 복잡하므로, 스스로 추론할 수 있도록 독자에게 맡기려 한다. 이해를 돕기 위한 힌트 몇 개만 제시하면 다음과 같다.

6=5+1과 7=5+2라는 덧셈식에 나타난 1과 2는 각각 오른손과 왼손의 접힌 손가락 개수를 말한다. 이들의 합인 3에 왜 10을 곱했을까를 생각해보라. 그리고 접혀 있지 않은 양손의 나머지 손가락 4개와 3개는 위의 식에서 어떻게 나타나는지 그리고 이 두 수를 곱한 이유는 무엇인지 생각해보기 바란다. 이 같은 곱셈 방식은 5 이상 10 이하의 숫자에서만 가능하다. 5 이하의 작은 수는 암산으로 처리했을 것이다.

한 자리 수의 곱셈을 손가락셈으로 할 수 있다면 그보다 큰 수들의 곱셈은 어떻게 하는 것이 좋을까? 432×53과 같은 세 자리와 두 자리 수의 곱셈을 학교에서는 다음과 같은 풀이 과정을 밟도록 가르친다.

$$
\begin{array}{r}
432 \\
\times\ 53 \\
\hline
1296
\end{array}
\Rightarrow
\begin{array}{r}
432 \\
\times\ 53 \\
\hline
1296 \\
2160
\end{array}
\Rightarrow
\begin{array}{r}
432 \\
\times\ 53 \\
\hline
1296 \\
2160 \\
\hline
22896
\end{array}
$$

432에 3을 일의 자리부터 차례로 곱하는 과정이 상세히 나타나 있다.

$$2 \times 3 = 6, \quad 30 \times 3 = 90, \quad 400 \times 3 = 1200$$

이를 모두 더한 값은 1296이다. 다음에 432에 50을 일의 자리부터 차례로 곱한다.

$$2 \times 50 = 100, \quad 30 \times 50 = 1500, \quad 400 \times 50 = 20000$$

이를 모두 더한 값은 21600이다. 따라서 1296과 21600을 더한 값 22896이 432×53의 답이다.

물론 432×53의 곱셈도 이것이 유일한 풀이 절차가 아니다. 다음은 인도에서 개발된 것으로 추측되는 방식이다. 풀이과정을 살펴보자.

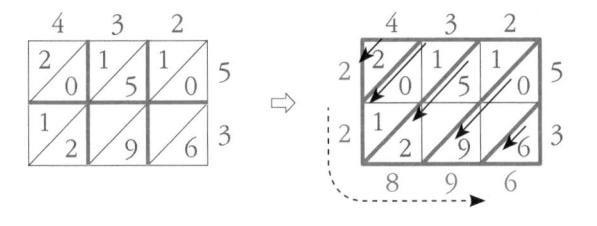

곱하는 두 수 432와 53은 각각 직사각형의 위와 옆에 위치해 있다. 직사각형 내부에는 모두 6개의 정사각형이 있고, 이들은 각각 대각선에 의해 두 부분으로 나누어져 있다. 이제 다음과 같은 질문에 답해보라.

(1) 왼쪽 직사각형에서 파란색으로 분리되어 있는 작은 사각형 안의 숫자, 20, 15, 10 그리고 12, 9, 6은 각각 무엇을 계산하여 얻은 값인가?

(2) 오른쪽 직사각형에서 왜 대각선으로 같은 줄에 있는 값끼리 더하는 것일까?

질문에 답하면서 우리가 알고 있는 세로셈과 비교해보면 같은 원리가 적용되고 있음을 확인할 수 있다.

또 다른 곱셈 방식도 있다. 선 긋기 곱셈법이다.

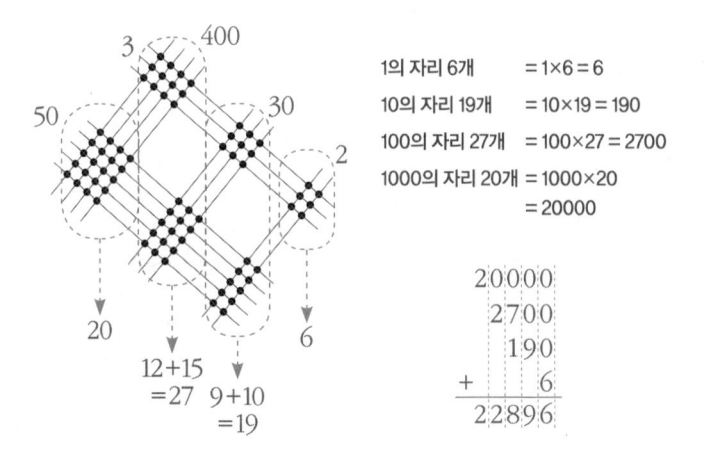

1의 자리 6개 = 1×6 = 6
10의 자리 19개 = 10×19 = 190
100의 자리 27개 = 100×27 = 2700
1000의 자리 20개 = 1000×20
= 20000

```
  20000
   2700
    190
+     6
  22896
```

이 방식도 아래의 물음에 답하는 과정에서 그 원리를 확인할 수 있다. 세세히 설명하기보다는 독자 스스로 찾아보도록 질문만 제시하였다. 무작정 따라 하는 내비게이션 수학에서 탈피하기 위한 것임을 이해하기 바란다.

(1) 파란색 선으로 묶여 있는 부분에서 3과 30이 만나는 지점의 개수와 50과 2가 만나는 지점의 개수를 합하였다. 그 이유는?

(2) 파란색 그룹의 구분은 무엇을 뜻하는 것일까?

우리가 이미 알고 있는 세로셈과 비교하면 쉽게 답을 얻을 수 있다. 독자 여러분의 도전을 기다린다.

나눗셈을
가장 어려워하는 이유

사람들은 자연수의 사칙연산 중에서 나눗셈을 가장 어려워한다. 싫어한다고까지 말하는 사람도 있다. 배우는 아이들만이아니라 가르치는 선생님도 그렇다. 다음은 어느 초등학교 선생님이 이 책을 집필하던 기간에 필자에게 보내온 사연이다.

저는 올해 4학년을 맡았는데, 나눗셈이 너무 어렵습니다. 나눗셈에 두 가지 상황이 있다고 모두 설명해주고, 나눗셈을 할 때 왜 곱셈과 뺄셈을 이용하는지 설명해주었지만, 아이들이 너무 어려워합니다. 결국 시간에 쫓겨 나눗셈 계산 방법을 외우게 하고 말았습니다. 나눗셈을 잘 지도할 수 있는 방법을 꼭 알고 싶습니다.

나눗셈에 두 가지 상황이 있다고? 아마도 대부분의 사람들은 금시초문이라는 반응을 보일 것 같다. 하지만 사실이다. 덧셈과 뺄셈 그리고 곱셈이 그러했듯이, 나눗셈도 서로 다른 두 가지 상황에 적용된다.

나눗셈이 자연스럽게 적용되는 첫 번째 상황은 말 그대로 나누는 경험에서 비롯한다. 다른 누군가와 먹을 것이나 가지고 있는 물품을 함께 나누어 갖는 경험을 말한다. 이러한 분배 상황에 나눗셈을 적용하려면 엄격한 조건이 전제되어야 한다. 똑같이 나누어야 한다는 '등분'이 그것이다. 예를 들어 12÷2라는 나눗셈식은 다음과 같은 상황에 적용된다.

(1) 12개의 사과를 두 사람이 똑같이 나눌 때, 한 사람이 갖는 사과의 개수는?

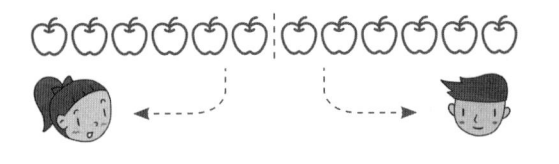

(2) 12m의 노끈을 이등분하였을 때, 한 개의 길이는?

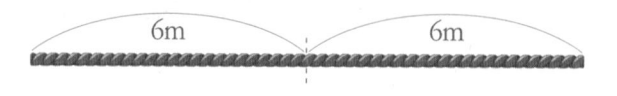

(3) 12km를 두 시간 동안 걸어가면 평균 시속은?

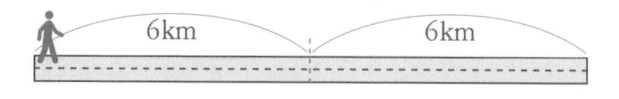

'똑같이 나눈다' '이등분한다' '평균 시속'은 서로 다른 상황을 기술하는 다른 용어이지만, 12÷2라는 동일한 식을 사용해 나타낼 수 있다. 이때 얻은 답 6과 함께 쓰이는 단위에 주목해보자.

대부분의 사람들은 (1), (2)의 정답을 각각 6(개)와 6(m)라고 말하는데, 이는 잘못된 것이다. 6(개/사람)과 6(m/개)가 정확한 단위이다. '한 사람'이 6개의 사과를 갖고, '한 개'의 노끈 길이가 6m라는 뜻을 담아야 하기 때문이다. 그래야 문제 (3)의 평균 시속 6(km/h)를 나타내는 단위와 형식이 같게 된다. 일상생활에서 문맥상 충분히 소통할 수 있는데다 표기가 번거롭기 때문에 엄격하게 '개/사람'이나 'm/개'와 같이 표기하지 않을 뿐이다.

어쨌든 똑같이 나누는 등분 상황에 적용되는 나눗셈의 결과는, 나누는 수인 제수가 1이라는 단위값을 가질 때 피제수의 값을 말한다. 앞에서 살펴본 바와 같이 각각 한 사람이 갖는 사과

개수, 노끈 한 개의 길이, 한 시간에 간 거리를 알려준다.

제수 단위의 중요성은 편의점에서 파는 생수의 예에서도 찾을 수 있다. 2L들이 생수 가격이 1000원이라고 할 때, 다음과 같은 두 가지 나눗셈식을 만들 수 있다.

(1) 1000(원) ÷ 2(L) = 500(원/L)

나눗셈의 결과인 500은 생수 1L의 가격을 뜻한다.

이번에는 피제수와 제수를 바꾼 또 다른 나눗셈식을 만들어보자.

(2) 2(L) ÷ 1000(원) = 0.002(L/원)

1L는 1000mL이므로 소수 0.002라는 답을 자연수로 나타내면 다음과 같다.

2000(mL) ÷ 1000(원) = 2(mL/원)

1원에 살 수 있는 생수의 양이 2mL라는 뜻이다.

지금까지의 설명을 요약해보자. 똑같이 나누는 등분에서 나눗셈의 결과는 나누는 수인 제수가 1이라는 단위 값을 가질 때 피제수의 양을 말한다. 1시간의 속도라는 시속 60km/h(여기서 h는 시간을 뜻하는 영어 hour의 첫 글자이다), 1시간당 임금 12000원/h, 1분당 맥박 수 72회/m(분을 나타내는 minute의 첫 글자)와 같은 단위량은 모두 제수가 1일 때의 피제수 값이다. 그런데 나눗셈은 등분이 아닌 다른 상황에도 적용된다.

다음 문제 상황을 생각해보라.

(1) 사과 12개가 있다. 사과 2개씩 담은 선물 바구니를 몇 개 만들 수 있는가?

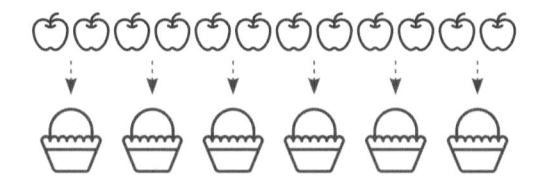

(2) 12m의 노끈을 2m씩 자르면 노끈이 몇 개 만들어지는가?

(3) 12km를 한 시간에 2km씩 걸어가면 몇 시간에 갈 수 있는가?

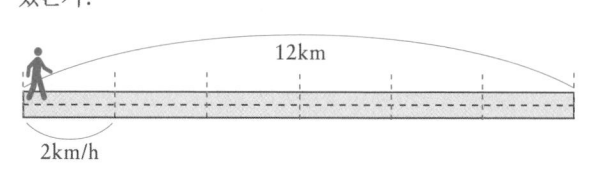

세 문제 모두 12÷2=6이라는 나눗셈식이 적용되지만, 똑같이 나누어 분배하는 '등분' 상황은 아니다. 등분이 아니라 같은 개수를 반복하여 덜어내거나 묶는 상황이다. 그렇다면 반드시 나눗셈만 적용되는 것은 아니지 않은가. 그렇다. 예를 들어 첫 번째 문제의 해결을 다음과 같이 접근할 수 있다.

'12개의 사과 가운데 2개의 사과를 한 묶음으로 하여 바구니 한 개에 넣고, 다시 2개의 사과를 가져가 또 다른 바구니 한 개에 넣고 … 남는 사과가 없을 때까지 계속하면, 모두 6개의 바구니를 만들 수 있다.'

나머지 문제도 같은 방식으로 접근할 수 있다. 문제 (2)는 12m의 노끈을 우선 2m 자르고, 또 다시 2m만큼 자르고 … 더 이상 자를 것이 없을 때까지 계속하는 것이다. 문제 (3)에서도 전체 12km 거리 가운데 한 시간 동안 2km를 걸어가면 10km가 남고, 다시 한 시간 동안 2km를 걸어가면 8km가 남고, 이런 식으로 종착점에 도달하기까지 2km씩 걷기를 몇 번 반복할 수 있는가를 구하는 것이다. 전체 걸어야 할 거리에서 시간당 2km씩의 거리를 덜어내는 것과 다르지 않다.

그렇다면 같은 개수(또는 길이나 거리)만큼씩 '똑같이 덜어내어 담는(묶는)' 상황이므로, 다음과 같이 뺄셈 연산을 적용할수 있다.

$$12-2-2-2-2-2-2=0 \text{ 또는 } 12-(2+2+2+2+2+2)=0$$

똑같은 수 2를 거듭하여 빼는 동수누감은 동수누가의 역이다. 그렇다면 다음과 같이 곱셈으로도 나타낼 수 있다.

$$2 \times \square = 12$$

그러므로 문제 (1)의 상황을 곱셈의 관점에서는 다음과 같이 나타낼 수 있다.

'바구니 한 개에 사과 2개씩 몇 개의 바구니에 담으면, 모두 12개의 사과를 담을 수 있는가?'

따라서 나눗셈식 $12 \div 2 = \square$는 곱셈식 $2 \times \square = 12$와 동일하다. 덧셈의 역으로 뺄셈을 해석한 것과 같이, 곱셈의 역으로 나눗셈을 도입할 수 있다.

이제 두 가지 나눗셈을 비교하여 정리해보자.

똑같이 나누기 : 등분

○ 12개의 사과를 두 사람이 똑같이 나눌 때, 한 사람이

갖는 사과의 개수는?

12(개) ÷ 2(사람) = 6(개/사람)

똑같이 덜어내기 : 동수누감

○ 사과 12개를 가지고 2개씩 들어가는 선물 바구니 몇

개를 만들 수 있는가?

12(개) ÷ 2(개) = 6

12개의 사과를 대상으로 하였으니, 피제수도 똑같고 표현한 식도 같다. 하지만 제수가 다르다는 사실에 주목하라. 똑같이 나누는 등분의 경우에는 2사람, 2상자 등등 피제수와는 대상이 다르다. 그래서 나눗셈 결과의 단위가 상황에 따라 다를 수밖에 없다. 하지만 똑같이 덜어내는 동수누감의 경우에는 제수와 피제수의 단위가 동일하다. 피제수에서 제수만큼 거듭하여 덜어낸 결과는 단위가 없다. 곱셈의 몇 배와 같은 뜻을 갖는다.

등분과 동수누감의 두 나눗셈은 질문 형식도 다르다. 등분제의 경우에는 '(사과를) 몇 개씩 나누어 가지는가?' 또는 '(사과가) 몇 개씩 묶여지는가?'의 형태이다. 반면에 동수누감의 경우는 '(바구니가) 몇 개 필요한가?' 또는 '몇 사람에게 나누어 주는가?'와 같은 형태이므로, '몇 번 덜어낼 수 있는가?'로 해석할 수

있다. 상황에 따라, 몇 번과 같은 횟수 또는 묶음의 개수를 뜻한다. 이는 곱셈의 역이다.

간혹 동수누감은 문제에 제시된 전체 주어진 양(피제수)에 정해진 단위량(제수)이 몇 개(번) 포함되어 있는가를 알아보는 나눗셈이므로, 포함제라는 용어를 사용하기도 한다. 가장 많이 등장하는 다음과 같은 시간-거리 문제 역시 포함제의 예이다.

'한 시간에 60km를 달리는 자동차는 240km의 거리를 몇 시간에 달릴 수 있는가?'

앞에서 보았듯이 '240km의 거리를 4시간에 달렸을 때 평균 속도는 얼마인가?'와 같이 속도를 구하는 등분제와는 확연하게 구별된다.

나눗셈을 가르치기 어렵다는 어느 초등학교 선생님의 하소연을 충분히 이해할 수 있다. 나눗셈을 능숙하게 해내는 우리 자신도 등분제와 포함제를 구별하지 못하는데, 처음 나눗셈을 접하는 아이들에게 이를 구분하도록 하는 것은 어불성설이다. 정말 그래야 할까? 실제로 이런 의문이 제기될 수도 있다.

'등분제니 포함제니 하는 두 가지 나눗셈 상황을 구별할 수 있는 사람도 거의 없다. 뿐만 아니라 굳이 이를 구별하지 않고도 나눗셈 계산을 척척 해내고 관련된 응용문제까지 어렵지 않게 해결한다. 이를 어떻게 설명할 수 있는가?' 그래서 앞의 두 가지 예를 다시 한 번 살펴보려고 한다.

포함제

사과 12개가 있다. 사과 2개씩 담은 선물 바구니를 몇 개 만들 수 있는가?

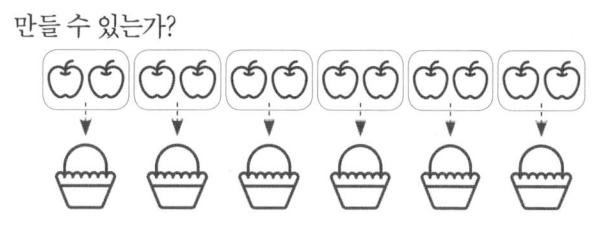

사과 12개가 일렬로 배열되어 있는 상태에서 2개씩 묶었다. 그때마다 선물 바구니 한 개를 배정하는 것이다. 그림을 통해 바구니 6개를 만들 수 있음을 확인할 수 있다. 이번에는 등분제를 그림으로 확인해보자.

등분제

12개의 사과를 두 사람이 똑같이 나눌 때, 한 사람이 갖는 사과의 개수는?

같은 상황임에도 불구하고 앞서 살펴본 다음 등분제의 그림과는 다르게 표현했다는 데 주목하기 바란다.

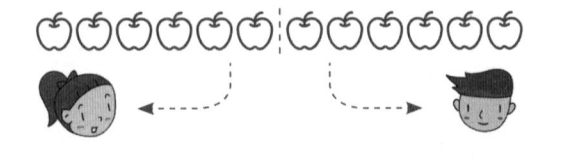

이번 그림은 2개씩 묶었다는 점에서 오히려 포함제와 다르지 않다. 왜 두 개씩 묶었을까? 나누어 가질 두 사람에게 각각 하나씩 주기 위한 것이다. 2개씩의 묶음을 계속하여 나누어주는 것이 가능하기에 포함제를 해결하는 과정과 다르지 않다. 문제 상황이 다르지만, 풀이 과정에 같은 방식을 적용할 수가 있다.

하지만 이는 나눗셈을 처음 도입할 때의 이야기이고, 우리가 실제로 나눗셈을 풀이할 때에는 곱셈의 역으로 인식한다. 예를 들어, 12÷2라는 나눗셈을 해야 한다면 등분제나 포함제를 구별하지 않는다. 덧셈과 뺄셈 그리고 곱셈의 여러 상황을 구별하지 않는 것과 같다. 다만 '2에다 얼마를 곱하면 12가 될까?' 하고 생각하여, 2 곱하기 6은 12라는 답을 얻는다. 나눗셈을 곱셈의 역으로 생각하는 것이다.

그러니 굳이 나눗셈을 포함제니 등분제니 구분할 필요가 있느냐는 불평이 나올 만하다. 나눗셈의 답만을 구하기로 한다면 타당한 이야기다. 하지만 그래야 할 만한 이유가 있다. 나눗셈의 등분제는 비율 문제와 연계되고, 이는 다시 함수 개념으로 이어진다. 속도나 압력, 운동량이나 분자량 같은 물리와 화학의 개념 역시 등분제와 관련이 깊다. 나눗셈에 대한 이해는 과학 학습에 매우 유용하다. 따라서 나눗셈 계산에만 몰두하기보다는 지금까지 살펴본 나눗셈이 적용되는 상황의 예를 다양하게 접하면서 스스로 패턴을 발견하는 것이 수학 학습의 본질이다. 단순해 보이는 사칙연산에도 이렇듯 여러 가지 패턴이 담겨 있기 때문이다. 하지만 이는 어디까지나 자연수 세계에만 적용되는 규칙이다.

수의 세계가 달라지면 연산 또한 다른 규칙이 적용된다. 다음 장에서는 정수의 세계로 범위를 넓혀, 이때 적용되는 사칙연산의 의미를 살펴보도록 하자.

2. 자연수에서 출발하는
정수의 연산

정수의 덧셈을
눈으로 확인하다

    2+3과 같은 자연수의 덧셈에 사용하는 '+' 기호의 의미가 합하기와 더하기라는 두 가지 상황에 적용되는 것을 살펴보았다. 남자 2(두) 사람과 여자 3(세)사람을 합해 5명이 되거나 또는 2개의 사과를 가지고 있는데 누군가에게서 3개의 사과를 더 받아 모두 5개가 되는 상황에 '+' 기호가 사용되었다.

    그렇다면 (-2)+(-3)과 같은 음의 정수를 더할 때 사용하는 '+' 기호는 과연 어떤 뜻일까? -2개나 -3개라는 것 자체를 논할 수 없으니 음의 정수는 자연수의 개수 세기를 적용할 수 없다.

더하기나 합하기와 관련지을 수 없다는 것이다. 앞으로 살펴보겠지만 $\frac{1}{2} + \frac{1}{3}$ 과 같은 분수끼리의 덧셈식과 $\sqrt{2} + \sqrt{3}$ 과 같은 무리수의 덧셈식에 들어 있는 덧셈 기호인 '+'도 마찬가지다. 같은 기호임에도 불구하고 자연수끼리의 덧셈에 들어 있는 '+' 기호의 의미를 더 이상 그대로 적용할 수 없다. 이렇듯이 똑같은 '+' 기호라 하더라도 적용되는 수가 어떤 종류냐에 따라 식의 의미가 달라진다.

따라서 (-2)+(-3)과 같은 음의 정수를 대상으로 하는 연산 기호 '+'가 어떤 의미를 갖는지 새로 규정해야만 한다. 그래야 정수의 덧셈이 가능하기 때문이다. 이 작업은 뺄셈과 곱셈, 나눗셈까지 이어진다. 자연수에서 정수로 수의 세계를 확장함에 따라 사칙연산의 의미가 새로이 규정되는 원리는, 정수에서 유리수, 유리수에서 무리수 등으로 수의 세계를 확장하여 새로운 수를 접할 때마다 계속 이어질 것이다. 그렇다고 그 규칙을 마음대로 정할 수는 없다. 이전의 수 세계에 적용되었던 연산 법칙이 근간이 되는 경우가 많다. 예를 들어 정수에 대한 연산을 새롭게 정의할 때에는, 자연수의 연산 법칙이 정수에서도 적용될 수 있어야 한다. 따라서 정수의 사칙연산 또한 자연수의 연장선상에서 이루어질 수밖에 없다.

정수의 덧셈에서 실제로 확인해보자. 예를 들어 정수의 덧셈은 다음과 같이 요약할 수 있다.

(양수)+(양수) = +(절댓값의 합) (+3)+(+2) = +5

(음수)+(음수) = -(절댓값의 합) (-3)+(-2) = -5

(양수)+(음수) = *(절댓값의 차) (+3)+(-2) = +1

(음수)+(양수) = *(절댓값의 차) (-3)+(+2) = -1

(*는 절댓값이 큰 수의 부호)

여기서 절댓값이란 부호가 없는 수, 즉 자연수를 말한다. 다음과 같이 수직선 위에 나타내면 눈으로 확인할 수 있다.

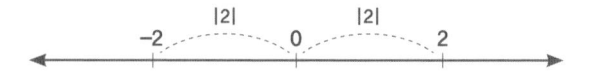

그림에서 알 수 있듯이, 절댓값은 0을 나타내는 원점에서 얼마만큼 떨어져 있는가, 즉 원점에서의 거리를 말한다. 예를 들어 양수 (+2)는 원점에서 오른쪽으로 2만큼, 음수 (-2)는 원점에서 왼쪽으로 2만큼 떨어져 있으니, 다음과 같이 기호 두 개의 선을 사용하여 표기한다.

$$|2| = 2, \quad |-2| = 2$$

앞에서 살펴본 바와 같이 정수 덧셈은 절댓값의 합과 차에 의해 결정되므로, 결국 자연수의 덧셈, 뺄셈과 다르지 않다. (−3)+(−2)와 같은 음의 정수끼리의 덧셈인 경우에도 실제로는 3+2라는 자연수의 덧셈으로서, 그 결과인 5라는 자연수에 음의 부호인 (−)를 붙여 음의 정수 −5라고 정한 것이다.

양수와 음수의 합도 다르지 않다. 예를 들어 (+3)+(−2)의 경우, 실제로는 양의 정수 (+3)과 음의 정수 (−2)를 더하는 것이 아니다. 두 자연수 3과 2의 차이, 즉 3−2라는 자연수끼리의 뺄셈을 하라는 것이다. 그렇게 구한 답 1에 '+' 부호를 붙여 '+1'을 답으로 하자는 것이다. 양수와 음수의 합이지만 음수의 절댓값이 큰 경우인 (−3)+(+2) 같은 덧셈의 경우도 다르지 않다. 실제로는 덧셈이 아니라 두 자연수 3과 2의 차이를 구하기 위해 3−2 뺄셈을 하는 것이다. 다른 점은 그렇게 얻은 답에 '−'라는 음의 부호를 붙여 음의 정수 '−1'을 답으로 하는 것이다.

따라서 부호가 같은 정수끼리의 덧셈은 자연수끼리 덧셈을 하고, 부호가 다른 정수끼리의 덧셈에서는 실제로는 덧셈이 아니라 자연수끼리 뺄셈을 하는 것이다. 그 답이 양의 정수인지 음의 정수인지는 더하는 두 수 가운데 절댓값이 큰 쪽을 따른다. 그래서 대부분의 교과서는 정수의 덧셈을 다음과 같이 식이 아닌 언어로 기술해놓았다.

부호가 같은 두 정수의 합은 두 수의 절댓값의 합에 공통인 부호를 붙인다.

부호가 다른 두 정수의 합은 두 수의 절댓값의 차에 절댓 값이 큰 수의 부호를 붙인다.

정수의 덧셈을 어떻게 하는지 앞에서 확인했다. 계산이야 규정에 맞게 하면 되지만, 우리가 주목하고자 하는 것은 '어떻게' 가 아니라 '왜 그래야 하는가'이다. 예를 늘어 (+3)+(-2)와 같은 덧셈이 왜 3-2라는 자연수의 뺄셈이 되고, (-3)+(-2)와 같은 음수의 덧셈이 왜 3+2라는 자연수의 덧셈이 되는지 이유를 규 명하자는 것이다. 그 의문에 답하는 것이 이 책에서 구현하고자 하는 '패턴의 발견'이라는 수학의 본질이다. '사고하는 학문'으로 서의 수학이라는 말이 무색하지 않으려면 '왜?'라는 질문을 던지 고 그에 답해야 한다. 그러고 나서야 비로소 덧셈 규칙이 우리 자 신의 것이 될 수 있기 때문이다.

앞에서 절댓값을 설명하기 위해 수직선 모델을 도입하였다. 사실 수직선은 기하학적 도형이므로, 수직선의 도입은 산술과 기 하의 결합이라고 할 수 있다. 수직선 모델을 적용하면 정수의 덧셈 과정을 눈으로 확인할 수 있다. 그런데 주의해야 할 점은 우선 덧 셈식에 들어 있는 수의 부호와 연산 기호를 구별해야 한다는 사실 이다. 예를 들어 덧셈식 (+3)+(+2)에서 양의 정수를 나타내는 '+' 부호와 덧셈 연산을 나타내는 '+' 기호는 서로 다른 의미이다.

$(+3)+(+2)$

※ + : 덧셈 부호(기호). +3, +2의 + : 양의 부호.

그렇다면 수직선 모델에서는 양의 정수를 나타내는 부호와 덧셈 연산을 나타내는 기호가 어떻게 나타날까? 그리고 이들은 각각 어떤 역할을 하는 것일까? 그 차이점에 주목하며 다음 수직선 그림을 들여다보자.

(1) 첫 번째 수직선 : (양수)+(양수)

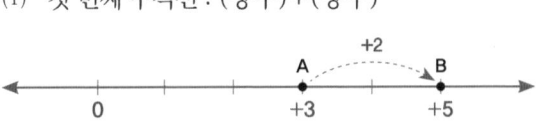

양수+양수의 예로 $(+3)+(+2)$를 수직선 위에서 확인해 보자. 양수 3, 즉 '+3'은 직선 위의 원점에서 오른쪽으로 3만큼 간 위치에 있다. 이제 양수 2, 즉 '+2'를 더하기 위해 +3을 나타내는 점 A에서 오른쪽으로 2만큼 감으로써, 그 결과인 '+5'를 얻었다. 하지만 여기서 그 결과는 중요하지 않다. 양수 '+' 기호를 수직선에서 확인해보자. 양수 $(+3)$과 $(+2)$는 그림에서 오른쪽으로의 이동을 뜻한다. 그런데 연산 기호 +는 수직선 위에서 어떤 역할을 하였는지 확인되지 않는다. 어디에 숨은 것일까? 일단 의문만 제기하고 다음 경우로 넘어가자.

(2) 두 번째 수직선 : (음수) + (음수)

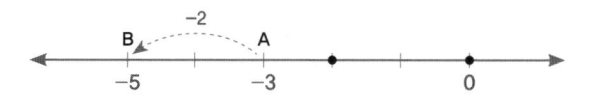

이번에는 음수끼리의 덧셈인 (-3) + (-2)를 수직선 위에서 확인해본다. 음수 3, 즉 '-3'은 원점에서 왼쪽으로 3만큼 떨어진 점 A에 있다. 그리고 더하는 수 음수 2, 즉 '-2'는 점 A에서 왼쪽으로 2만큼 간다는 뜻이니, 그 결과는 점 B(-5)가 된다. 두 음수 '-3'과 '-2'는 수직선 위에서 눈으로 확인할 수 있지만, 두 수를 더하는 연산 기호 '+'는 역시 보이지 않는다. 어디에 숨은 것인지 여기서도 의문만 제기해두자.

(3) 세 번째 수직선 : (양수) + (음수)

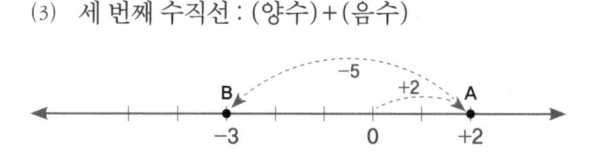

이번에는 양수 더하기 음수인 (+2) + (-5)를 수직선 위에서 확인해본다. 양수 '+2'는 원점에서 오른쪽으로 2만큼 떨어진 점 A에 있다. 더하는 수인 음의 정수 '-5'는 점 A에서 왼쪽으로 5만큼 이동하여 그 결과는 점 B(-3)이다. 여기서도 수직선 위의 움직임은 +2와 -5 두 정수에 의해 결정되었고, 이 둘을 더하는 연산 기호 '+'의 작용과 역할은 눈에 드러나지 않는다. 결국 정수 덧셈의 모든 과정이 두 수의 부호에 의해서만 결정되었다.

(4) 네 번째 수직선 : (음수)+(양수)

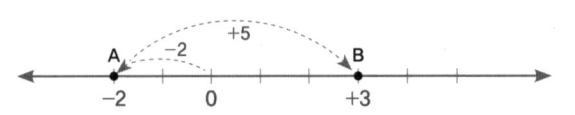

마지막으로 음수 더하기 양수의 경우도 그리 다르지 않을 것이라 짐작된다. 예를 들어보자. (-2)+(+5)라는 덧셈 과정은 위의 수직선 그림에서 확인할 수 있어, 굳이 설명이 필요없다. 역시 '-2'와 '+5'라는 두 수의 부호만 눈에 띌 뿐, 덧셈 기호의 역할은 드러나지 않는다. 정수의 덧셈에서 덧셈 기호 '+'는 도대체 어디로 간 것일까?

문제 해결이 벽에 부딪치면 다시 기본으로 돌아가는 것도 하나의 방안이다. 정수 덧셈의 기본은 자연수의 덧셈이다. 자연수 덧셈에서 예를 든 두 가지 상황을 다시 떠올려보자.

(1) 거실에 남자 3명과 여자 2명이 있다. 거실에는 모두 몇 명이 있는가? (합하기)
(2) 3명의 승객이 타고 있던 버스에 다음 정류장에서 2명의 승객이 더 탔다. 버스 승객은 모두 몇 명인가? (더하기)

유치원 아이들도 정답을 말할 수 있다. 합하기의 경우에는 전체 개수를 모두 세는 '모두 세기', 더하기는 처음 주어진 개수부터 이어서 세는 '이어 세기'로 해결한다. 어느 정도 수 세기가 익숙해지면 모두 세기에서 이어 세기로 자연스럽게 전환되어 두 가지 수 세기가 잘 구분되지 않는다. 아이들에게 덧셈은 그저 '계속해서 덧붙여 이어 세기하는 것'이다. 유치원 아이들의 이와 같은 자연수 덧셈의 의미를 수직선 위에 나타내면 몇 칸씩 이동하는 것에 불과하다.

그런데 수직선에서의 이런 이동을 정수에도 그대로 적용할 수 있다. 덧셈식 (정수)+(정수)에서 두 정수의 부호는 방향을 가리키는데, 양의 부호는 오른쪽 그리고 음의 부호는 왼쪽을 나타낸다. 그리고 이들의 절댓값은 이동하는 거리를 말한다. 그렇다면 '+'라는 연산 기호는 '계속하여 이동하는 것'을 뜻하는 것으로 해석할 수 있다. 수학적 감각이 있는 사람이라면 이내 다음과 같은 의문이 들 것이다.

'좋다. 덧셈은 계속하여 이동하는 것이라 치자. 그렇다면 뺄셈은 어떻게 설명하지?'

정수의 덧셈과 뺄셈을 수직선 위에서 구현할 때 그것이 문제의 핵심이다. 뺄셈을 살펴보기 전에 지금까지의 정수 덧셈을 요약 정리해놓자. 같은 부호끼리 더하는 것과 부호가 다른 정수끼리 더하는 두 가지 경우로 나누어, 다음 빈칸에 알맞은 단어를 넣어보라.

- 부호가 같은 두 정수의 합은 두 수의 [   ]에 [   ] 부
  호를 붙인다.
- 부호가 다른 두 정수의 합은 두 수의 [   ]에 [   ] 부
  호를 붙인다.

음수 뺄셈은 양수 덧셈?

정수의 뺄셈을 수직선 위에 나타내는 작업은 그리 쉽지 않다. 덧셈을 수직선 위에 구현할 때 더하는 과정이 분명하게 드러나지 않았던 것을 감안하면, 뺄셈도 그리 간단하지 않을 것 같은 느낌이 든다. 거의 대부분의 교과서에서도 정수의 덧셈은 수직선 위에 보여주는 친절을 베풀지만, 정작 뺄셈을 설명하는 경우에는 수직선을 사용하지 않는다. 다음과 같이 문장으로 정수의 뺄셈 방법을 알려줄 뿐이다.

"두 수의 뺄셈은 빼는 수의 부호를 바꾸어 더한다."

물론 우리는 이에 만족할 수가 없다. 지금까지 인내심을 발휘한 독자라면 이러한 억압적인 지시에 당장 '왜?'라는 질문을 떠올릴 것이다. 도대체 뺄셈이 왜 덧셈으로 바뀌는 것일까? 그리고 빼는 수가 양수면 음수로, 음수면 양수로 왜 부호를 바꾸는 것일까? 그런 지시에 납득할 수 없다는 반응을 보이는 것이 수학적 사고의 첫걸음이다.

이제부터 우리는 계속 똑같은 수직선 모델 위에서 정수 뺄셈을 구현하는 시도를 감행할 것이다. 정수 뺄셈법을 설명한 문장이 간단하다고 하여 내용 또한 단순한 것은 아니다. 아무튼 우리 스스로 뺄셈 규칙을 만들어보자. 이때의 원칙도 덧셈의 경우와 다르지 않다. 이미 알고 있는 지식이나 경험을 토대로 새로운 지식을 창조하는 것이다. 먼저 앞에서 언급한 자연수 뺄셈을 차근차근 살펴볼 필요가 있다. 하나의 동일한 뺄셈식이 여러 상황을 나타내는 도구로 활용된 것을 말한다.

(1) 쌀 8가마가 쌓여 있는데 그 가운데 3가마를 차에 실었다. 몇 가마가 남아 있는가? (덜어낸 나머지 구하기)

(2) 방 안에 있는 사람 8명 가운데 3명은 남자고, 나머지는 여자다. 여자는 몇 명인가? (여집합의 원소 개수 구하기)

(3) 사과 8개와 배 3개가 있다. 사과는 배보다 몇 개 더 많은가? (비교를 위한 차이 구하기)

(4) 오늘 기온은 어제보다 3도 떨어졌다. 어제 기온이 8도였다면, 오늘 기온은? (감소된 양 구하기)

(5) 3살짜리 동생이 8살이 되려면 몇 해가 지나야 하나?

(덧셈과 역의 관계)

모두를 찬찬히 뜯어보는 수고를 반복할 필요는 없다. 우리가 주목할 내용은 세 번째 두 대상의 차이를 비교하는 상황이다. 예를 들어 8과 3을 비교하여 그 차이를 구하는 8-3=5라는 자연수의 **뺄셈식**은 수직선 위에 다음과 같이 나타낼 수 있다.

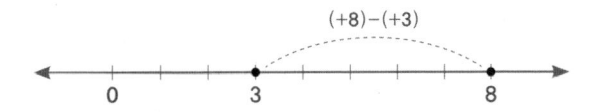

(1) 먼저 8은 원점에서 오른쪽으로 8칸 떨어져 있는 위치에 정한다.

(2) 다음 3도 원점에서 오른쪽으로 3칸 떨어져 있는 위치에 정할 수 있다.

(3) 두 수의 차이가 5칸임을 눈으로 확인할 수 있으므로 8-3의 답은 5다.

수직선 위에 구현된 두 자연수의 뺄셈 8-3은 결국 (양의 정수)-(양의 정수), 즉 (+8)-(+3)＝(+5)라는 식과 다르지 않다. 그렇다면 같은 방식으로 (+3)-(+8)과 같이 뺄셈의 결과가 음의 정수인 경우도 수직선 위에 구현할 수 있을까? 즉 두 수 사이의 차이로 해석이 가능할까?

교과서나 학교 수업에서 뺄셈을 수직선으로 보여주지 않는 것은 뺄셈 결과가 음의 정수일 때 이를 구현할 수 없기 때문이다. 하지만 이는 뺄셈을 '빼낸다' 또는 '덜어낸다'로만 인식하는 편견이 빚어낸 한계라는 것이 나의 주장이다. 지금과 같이 두 수의 뺄셈을 '두 수를 비교하여 그들 사이의 차이를 말한다'로 해석하면, 수직선 위에서도 정수의 뺄셈을 구현할 수 있다.

이제 (+3)-(+8)을 수직선 위에 나타내보자.

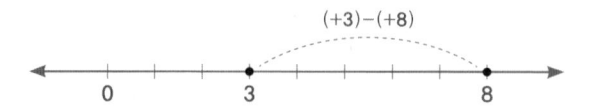

(1) 피감수 +3의 위치를 정한다. 원점에서 오른쪽으로 3만큼 떨어진 곳이다.

(2) 이제 감수(빼는 수)인 +8의 위치를 정한다. 이 또한 원점에서 8만큼 떨어진 거리다.

(3) 눈으로 확인할 수 있다시피, 그 차이는 물론 5다. 하지만 작은 수에서 큰 수를 뺀 값이므로 음수 5로 해

석해야만 한다. 어떻게 가능할까? 이전 식인 (+8)−(+3)에서는 그냥 +5라 하였는데, 이것과는 어떻게 구별할 수 있을까?

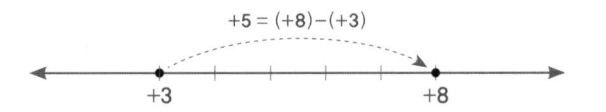

+5 = (+8)−(+3)

(+8)−(+3)의 경우에는 '+3'에서 5만큼 오른쪽으로 가서 +8이 되었다. 따라서 (+8)−(+3)=+5다. 빼는 수인 (+3)에서 출발하였음에 주목하라. 화살표 방향이 이를 말해준다.

반면에 (+3)−(+8)의 경우에는 빼는 수인 (+8)에서 5만큼 왼쪽으로 가야 +3이 된다. 따라서 (+3)−(+8)=−5다. 여기서도 화살표 방향에 주목하라.

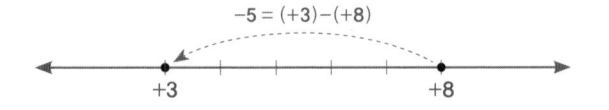

−5 = (+3)−(+8)

두 수 사이의 차이를 말할 때, 감수(빼는 수)에서 출발하여 피감수로 향하는 방향에 따라 양수와 음수가 결정되었다. 뺄셈이 덧셈의 역이라는 사실을 알고 있으면 쉽게 이해된다. 즉 뺄셈 a−b는 다음과 같이 정의한다.

$$a-b = x \quad \Leftrightarrow \quad b+x = a$$

$a-b$의 값은 b에 얼마를 더하면 a가 되느냐와 같다는 의미다. 이때 감수(빼는 수) b에서 출발하였음에 주목해야 한다. 따라서 $(+3)-(+8)$은 두 수의 차이가 5칸이지만 +8에서 +3까지 왼쪽 방향으로 나아가므로 음의 정수인 -5가 된다.

지금 살펴본 이 원리는 수직선 위에서 뺄셈을 나타낼 때 부딪치는 가장 커다란 문제를 해결해준다. 즉 '음수를 빼는 것은 양수를 더하는 것과 같다'는 사실이 쉽게 납득될 수 있도록 하는 설명이 가능하다. 예를 들어 $(+3)-(-2)$라는 뺄셈을 수직선 위에 나타내면 다음과 같다.

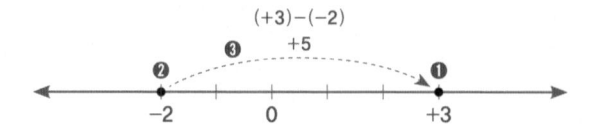

(1) $(+3)$의 위치를 정한다.

(2) 빼는 수 (-2)의 위치를 정한다.

(3) 빼는 수 (-2)에서 처음에 주어진 수 +3까지는 오른쪽 방향이다. 따라서 구하는 값의 부호는 양수인 +이다.

(4) 빼는 수 (-2)에서 처음에 주어진 수 +3까지 몇 칸 이동하는지 세어본다. 그렇다고 무턱대고 칸수를 일일이 세는 것이 아니다. -2는 원점에서 왼쪽으로 2칸, +3은 원점에서 오른쪽으로 3칸 떨어져 있으므로, 떨어

진 거리는 두 수의 절댓값의 합인 2+3=5이다.

따라서 (+3)-(-2)=+5이다.

이와 같이 수직선 모델을 사용하면 정수의 **뺄셈**도 시각적으로 확인할 수 있다. 이로써 정수의 덧셈과 **뺄셈**은 아무 지장 없이 마음껏 계산이 가능하다. 자연수와는 다른 새로운 연산 규칙이 정해진 것이다. 그렇다면 곱셈과 나눗셈 규칙은 어떻게 정할 수 있을까?

정수의 곱셈과 나눗셈 :
만능 모델은 없다

이제 정수의 곱셈을 알아보자. 정수의 곱셈 결과는 이를테면 다음과 같이 네 가지 경우로 압축할 수 있다.

$$(+3) \times (+2) = +6 \qquad (-3) \times (-2) = +6$$

$$(+3) \times (-2) = -6 \qquad (-3) \times (+2) = -6$$

문장으로 두 정수의 곱셈을 요약하면 다음과 같다.

(1) 부호가 같은 두 수의 곱은 두 수의 절댓값의 곱에 양의 부호 +를 붙인다.

(2) 부호가 다른 두 수의 곱은 두 수의 절댓값의 곱에 음의 부호 -를 붙인다.

곱셈 계산의 정답 구하기만을 원한다면 위의 규칙을 암기하여 그대로 실행하면 된다. 모두 절댓값의 곱을 구한다는 점에서 자연수의 곱셈과 다르지 않으니 매우 간단하다. 하지만 이는 계산기 기능에 불과하다. 도대체 어떤 이유로 부호가 다른 두 수의 곱셈은 음수가 되고, 부호가 같은 두 수의 곱셈은 양수가 되는 것일까? 정수의 덧셈과 뺄셈의 규칙을 이해하기 위해 수직선까지 도입하여 일일이 따져보았듯이, 곱셈도 그래야 한다.

정수의 곱셈에서 가장 주목을 받는 곱셈식은 $(-3) \times (-2) = +6$에서와 같이 두 음수의 곱이 왜 양수가 되는가이다. 어떻게 설명할 수 있을까? 문제해결의 벽에 부딪치면 기본으로 돌아가라고 하였다. 자연수 곱셈에서 수직선을 활용한 사례가 떠오른다.

$2 \times 3 = 6$이 되는 것을 수직선에 나타내면 다음과 같다.

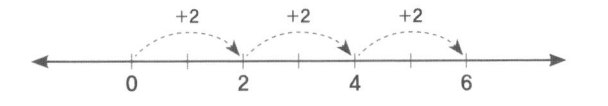

2를 거듭하여 3번 더하는 동수누가, 즉 2+2+2라는 덧셈식과 동일하다. 부호를 곁들여 정수의 곱셈으로 나타내면 다음과 같다.

$$(+2)\times(+3)=(+2)+(+2)+(+2)=+6$$

그러나 $(+2)\times(-3)$과 같은 곱셈은 더 이상 동수누가를 적용할 수 없다. 동수누가에 적용되는 '몇 번'이라는 회수는 자연수에만 적용되므로 '+2를 -3번 더한다'는 말은 성립되지 않는다. 또 다시 난관에 봉착했다. 다시 처음으로 되돌아가 근본적인 질문을 던져보자.

'어떤 모델을 적용하는 것이 좋을까?'라는 물음 이전에 '왜 모델이 필요할까?'라는 질문에서부터 시작해보자. $(+2)\times(-3)$과 같은 정수 곱셈에서 음의 정수를 곱하는 것이 무엇을 말하는지 탐색하기 위해 모델이 필요하다. 더 나아가 (음수)×(음수), 즉 음수에 음수를 곱했는데 왜 양수가 되는지 충분히 납득할 수 있도록 하기 위해서도 모델이 필요하다.

하지만 수직선 모델은 더 이상 적합하지 않음이 드러났다. 음수를 곱하면 왜 피승수의 반대 방향으로 가야 하는가에 대한 의문을 해소시키기에는 역부족이다. 어쩔 수 없이 다른 접근을 시도해야 하는데 마땅한 방안이 떠오르지 않는다. 어떻게 해야 할까? 알고 있는 것에서 시작한다는 기본 원리를 적용하자. 자연수라는 양의 정수에 대한 곱셈은 이미 알고 있지 않은가?

$$(+2) \times (+3) = +6$$
$$(+2) \times (+2) = +4$$
$$(+2) \times (+1) = +2$$
$$(+2) \times (0) = 0$$

우리가 이미 알고 있는 자연수끼리(0을 포함한)의 곱셈식을 나열해보니 하나의 패턴이 발견되지 않는가? 그렇다! 곱하는 수(승수)가 하나씩 줄어들 때마다 곱셈 값은 2씩 줄어든다. 사실 곱셈을 동수누가의 관점에서 떠올리면 지극히 당연하다. 하지만 이를 눈으로 확인하는 과정에서 또 다른 사고로 확장 전개될 수 있으니, 다음 식이 그것이다.

$$(+2) \times (-1) = ?$$

곱하는 수, 즉 승수가 -1이니 앞의 0보다 하나 줄었다는 점에 주목하자. 이전까지의 패턴, 즉 2씩 줄어드는 패턴에 의해 -2라는 값을 말할 수 있다. 따라서 $(+2) \times (-1) = -2$를 얻는다. 계속하여 다음 식을 만들 수 있다.

$$(+2) \times (-2) = -4$$
$$(+2) \times (-3) = -6$$

이제 (양수)×(양수) 그리고 (양수)×(음수)의 곱셈은 확정되었다. 그렇다면 (음수)×(양수)와 (음수)×(음수)는 어떻게 설명할 수 있을까? 예를 들어 (-2)×(+3)의 곱셈 결과는 얼마일까? 아마도 이렇게 답할지도 모른다.

'앞에서 구한 (+3)×(-2)=-6이라는 식에 교환법칙을 적용할 수 있다.'

맞는 말이다. 하지만 논리적으로는 적절하지 않다. 교환법칙을 적용하기 위해서는 연산 자체가 먼저 정의되어야 하기 때문이다. 정수의 곱셈이라는 연산의 의미를 확립하는 단계에서 곱셈의 교환법칙을 적용할 수는 없다는 것이다. 그렇다면 어떻게 할까? 주어진 식을 자세히 들여다보자. +3을 곱하는 것의 원래 의미를 떠올려보라.

(-2)×(+3)은 동수누가에 의해 (-2)+(-2)+(-2)로 해석할 수가 있다. 음수의 덧셈은 배운 바 있으니 -6이라는 답을 쉽게 얻을 수 있고, 그렇다면 이제 다음 식들의 값도 자연스럽게 추론이 가능하다.

$$(-2) \times (+2) = -4$$

$$(-2) \times (+1) = -2$$

$$(-2) \times (0) = 0$$

여기서 일정한 패턴을 발견할 수가 있다. 2씩 증가하고 있다는 사실이다. 승수가 하나씩 줄어들면서 곱셈값은 오히려 2씩 증가한다. 당연히 다음 식에도 적용이 가능하다.

$$(-2) \times (-1) = ?$$

승수가 0보다 하나 줄었으니 2가 증가하여 +2라는 값을 얻는다. 계속해서 다음 식이 성립한다.

$$(-2) \times (-2) = +4$$

$$(-2) \times (-3) = +6$$

이제 (음수)×(음수)의 곱셈이 왜 양수가 되는지를 알 수가 있다. 일정한 패턴을 발견하여 얻은 결론이다. 이러한 추론의 근간에는 '이미 알고 있는 사실을 토대로 새로운 사실을 만들어낸다'는 가장 기본적인 학습 원리가 적용되었음을 간과하지 않도록 하자. 아울러 앞에서 수직선 모델의 장점을 드러내 보여주었지만, 결코 만능 모델은 존재하지 않는다는 사실도 알게 되었다.

정수의 나눗셈을 별도로 언급할 필요는 없을 것 같다. 나눗셈은 다음과 같이 곱셈의 역으로 생각할 수 있기 때문이다.

두 수 a와 b에 대하여

$$a \div b = x \quad \Leftrightarrow \quad b \times x = a$$

$a \div b$의 결과를 x라 하면 그 값은 b에 얼마를 곱하면 a가 되는가와 같다는 뜻이다. 즉 나눗셈은 새로운 연산이 아니라 곱셈의 관점에서 정의하자는 것이다.

지금까지 살펴본 정수의 사칙연산은 자연수의 사칙연산에 적용된 기호 +, −, ×, ÷의 의미와는 전혀 다르다는 사실을 알게 되었다. 수의 세계가 확장됨에 따라 새로운 약속을 만든 것이다.

3. 분수의 연산은 무엇이 다른가

분수 덧셈에서
통분이 필요한 이유는?

자연수와 정수에 이어서 유리수의 사칙연산을 검토해볼 차례이다. 그런데 제목은 유리수가 아닌 분수로 되어 있다. 그렇다고 분수와 유리수를 동일시해서는 안된다. 한자어 유리수有理數의 리理는 영어의 ratio인 비를 번역한 것이다. 정수의 비로 나타낼 수 있는 수가 유리수라는 것이다. 그렇다면 유리수의 계산은 분수의 계산으로 환원될 수 있다. 그래서 제목을 '분수의 연산은 무엇이 다른가'로 정한 것이다. 하지만 분수와 유리수는 서로 밀접한 관계임에도 불구하고 전혀 다른 수이다. 이에 대해서는 '잃어버린 수학을 찾아서' 시리즈 중의 하나인《피타고라스학파의 집단살인》에서 자세히 다루었다.

자연수 덧셈 3+2와 정수 덧셈 (-3)+(+2)에 사용된 덧셈 기호 '+'는 의미도 다르고 계산 절차도 다르다는 것을 앞에서 살펴보았다. 따라서 분수의 덧셈, 이를 테면 $\frac{1}{2}+\frac{1}{3}$ 에 들어 있는 덧셈 기호 '+'가 자연수나 정수에 사용된 '+' 기호와 전혀 다른 의미를 가질 것이라는 사실도 쉽게 짐작할 수 있다. 대부분의 사람들은 이 같은 점을 잘 깨닫지 못한다. 아마도 분수를 계산하는 능력이 자동화되어 무의식적으로 행하기 때문일 것이다. 하지만 조금만 거리를 두고 분수 계산 절차를 냉정히 생각해보면, 눈에 띄는 이상한 점이 한두 가지가 아니다.

$\frac{2}{3}\times\frac{5}{7}$ 와 같은 분수 곱셈은 분자끼리 곱한 값이 분자가 되고 분모끼리 곱한 값이 분모가 되어 $\frac{10}{21}$ 이라는 답을 얻게 된다. 그런데 $\frac{1}{2}+\frac{1}{3}$ 과 같은 분수 덧셈은 분자끼리 더하고 분모끼리 더한 $\frac{2}{5}$ 가 정답이 아니다. 통분을 하여 분모를 6으로 만든 후에 분자끼리 더해 $\frac{5}{6}$ 라고 해야 한다. 도대체 왜 그래야 하는 것일까?

이 같은 질문에 쉽게 답할 수 있는 사람은 별로 없다. 대부분 머리를 긁적이며 '그냥 그렇게 정한 것 아닌가?' '그렇게 하라고 해서 했는데…'라는 궁색한 변명을 늘어놓는다. 정말 그렇게 정한 것인가? 그렇다면 왜 그렇게 정하였을까? 분수의 덧셈이 반드시 그런 것만은 아니라는 사실을 다음 사례는 보여준다.

3. 분수의 연산은 무엇이 다른가

한국 시리즈 첫날에 국민 타자 이승엽은 2타수 1안타를, 그리고 둘째 날에 3타수 1안타를 쳤다. 이승엽의 이틀 동안 타율은 얼마인가?

이 문제의 답을 분수로 나타내보자. 첫째 날과 둘째 날의 타율은 각각 $\frac{1}{2}$과 $\frac{1}{3}$이다. 이승엽이 이틀 동안 모두 5타수 2안타를 쳤으니 분수로 나타내면 $\frac{2}{5}$이다. 이를 식으로 표현해보자.

$$\frac{1}{2} + \frac{1}{3} = \frac{2}{5}$$

놀랍게도 분모는 분모끼리 더한 값이고, 분자는 분자끼리 더한 값이다. 마치 분수의 곱셈 절차를 보는 것 같다. 다른 점은 곱하기가 아니라 더하기라는 사실이다. 분명 우리가 알고 있던 분수의 덧셈과는 다르다. 어찌된 일일까?

$\frac{1}{5} + \frac{1}{3}$과 같은 분수의 덧셈은 (-2)+(+3) 같은 정수의 덧셈이나 2+3 같은 자연수의 덧셈과는 계산 절차가 다르다. 분수에 적용되는 덧셈 기호에 대한 탐색을 위해 우선 분수의 의미를 살펴볼 필요가 있다.

-1, -2, -3 …과 같은 정수는 수직선 위에서 0을 가리키는 원점을 중심으로 1, 2, 3 … 등의 자연수를 거울에 비친 이미지로 생각하여, 자연스럽게 수의 세계를 확장할 수가 있다. 그렇다

면 $\frac{1}{2}$, $\frac{1}{3}$ …과 같은 분수는 어떻게 인식하는 것이 좋을까? 예를 들어 $\frac{1}{5}$ 이라는 분수는 다음 그림과 같이 원 모양의 피자나 막대 전체를 똑같은 크기의 다섯 조각으로 나누었을 때 그 가운데 하나의 조각으로 간주할 수 있다.

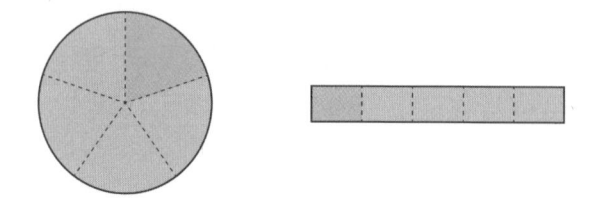

이때 $\frac{3}{5}$ 이라는 분수는 다섯 조각 가운데 세 조각을 말한다. 그렇다고 하여 '$\frac{3}{5}$ 은 $\frac{1}{5}$ 이 3개이다'라는 표현은 잘못된 문장이다. (실제로 초등학교 교과서에는 그렇게 쓰여 있다.) $\frac{3}{5}$ 을 나타내는 피자 조각이 3개인 것은 사실이지만, $\frac{3}{5}$ 이라는 분수는 하나의 수이므로 '$\frac{1}{5}$ 의 3배'라고 기술해야 한다. 예를 들어 '10의 3'이라는 표현 자체는 성립되지도 않고, 그런 표현을 사용하는 사람도 없다. '10의 3배'라고 해야 정확한 표현이고, 그것은 곧 30을 의미한다. 따라서 분수 $\frac{3}{5}$ 도 단위분수(분자가 1인 분수) $\frac{1}{5}$ 의 3배라고 해야 올바른 표현이다. 이제 분모가 같은 분수의 덧셈 $\frac{1}{5}+\frac{3}{5}$ 이 무엇을 뜻하는지 자연스럽게 추론이 가능하다.

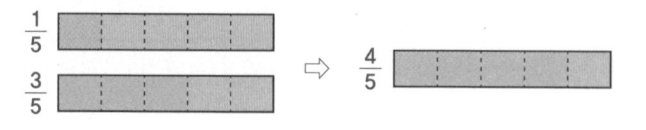

위의 그림에서 $\frac{1}{5}$을 나타내는 부분과 $\frac{3}{5}$을 나타내는 부분을 결합하면 $\frac{1}{5}$의 4배, 즉 $\frac{4}{5}$가 됨을 알 수 있다. 따라서 다음 식이 성립한다.

$$\frac{1}{5} + \frac{3}{5} = \frac{4}{5}$$

이로써 분모가 같은 분수의 덧셈은 분자끼리 더해야 한다는 사실을 알게 되었다. 또한 분자는 정수(자연수뿐만 아니라 음의 정수도 될 수 있다)이므로 앞에서 다룬 연산을 그대로 적용하면 된다.

이제 분모가 다른 분수의 덧셈을 살펴보자. 예를 들어 $\frac{1}{2}$+$\frac{1}{3}$이라는 분수의 덧셈을 어떻게 할 것인지 생각해보자. 이번에도 '이미 알고 있는 것을 토대로 새로운 지식으로 확장한다'는 원리를 적용하면 쉽게 해결할 수 있다. 분모가 같은 분수끼리의 덧셈을 할 수 있으므로, 두 분수 $\frac{1}{2}$과 $\frac{1}{3}$의 분모를 같게 하는 작업이 우선인데, 이를 '통분'이라고 한다.

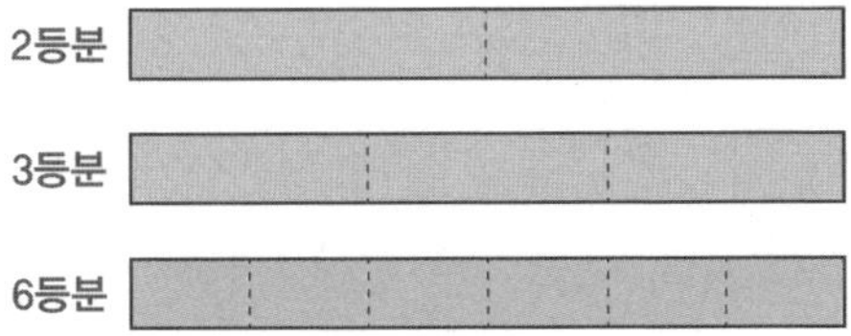

2등분		

3등분

6등분

$\frac{1}{2}$과 $\frac{1}{3}$이라는 두 분수의 분모는 6으로 하는 것이 적절하

다는 것을 그림에서 확인할 수 있다. 6이 2와 3의 공통인 배수이므로, 통분은 공배수와 관련이 있다. 지금은 분수의 덧셈을 어떻게 하는가가 아니라 왜 그렇게 하는지에 논의의 초점을 모으고 있다. 공배수나 최소공배수에 대한 설명을 더 이상 진행하지 않는 이유다. $\frac{1}{2}=\frac{3}{6}$ 이고 $\frac{1}{3}=\frac{2}{6}$ 라는 사실을 알았으니, 다음 식이 성립한다.

$$\frac{1}{2} + \frac{1}{3} = \frac{3}{6} + \frac{2}{6} = \frac{5}{6}$$

이처럼 분수의 덧셈은 분모를 같게 한 후에 분자끼리 더하면 된다는 것을 확인할 수 있다.

이제 앞서 제기한 이승엽의 타율 문제를 다시 떠올려볼 차례가 되었다.

한국 시리즈 첫날에 국민 타자 이승엽은 2타수 1안타를, 그리고 둘째 날에 3타수 1안타를 쳤다. 이승엽의 이틀 동안 타율은 얼마인가?

$$\frac{1}{2} + \frac{1}{3} = \frac{2}{5}$$

이승엽의 타율을 구하는 과정에서는 왜 통분을 하지 않는 것일까? 이와 같은 분수 덧셈도 가능하다는 것일까? 그렇다. 가능할 뿐만 아니라 이 같은 상황에서는 분모는 분모끼리 더하고 분자는 분자끼리 더한 분수가 정답이다. 이때의 덧셈 기호 '+'는 통분할 때의 더하기와는 다른 의미를 갖는다. 따라서 혼동을 피하기 위해 '+' 기호를 사용하지 않아야 한다. 더 분명히 이해할 수 있도록 똑같은 구조를 갖는 상황의 문제로 바꾸어보자.

다음 그림과 같이 두 개의 주머니에 검은 바둑돌과 흰 바둑돌이 있다.

두 개의 주머니에 있는 바둑돌을 하나의 주머니에 담았다. 이 주머니에서 한 개의 바둑돌을 집었을 때, 그것이 검은 바둑돌일 확률은 얼마인가?

한국 시리즈에서 이승엽 선수가 이틀 동안 5타석에 들어서는 상황은 두 개의 주머니에 있던 바둑돌 5개를 하나의 주머니에 넣는 상황과 다르지 않다. 따라서 이승엽이 5타석에서 안타를 칠 확률은 5개의 바둑돌 중에서 하나의 돌을 집을 때 그것이 검은 돌일 확률을 구하는 것과 같다.

새로운 주머니에 들어 있는 5개의 바둑돌 중에 검은 돌이 2개이므로, 구하는 확률은 $\frac{2}{5}$ 이다. 분자에 해당하는 검은 돌 두 개는 각각 A와 B 주머니에 들어 있던 것으로서, 확률값을 구할 때에는 각각의 검은 돌 1개가 동등하게 취급된다. 반면에 $\frac{5}{6}$ 라는 분수 덧셈의 결과를 가져온 $\frac{1}{2}$ 과 $\frac{1}{3}$ 이라는 두 분수에서 분자 1은 동등한 값이 될 수 없다. 앞에서 그림으로 보여준 분수 막대에서 확인할 수 있다. 똑같은 크기의 검은 바둑돌과는 다르다.

이와 같은 차이는 분모에서 보다 확연하게 드러난다. 확률 계산에서는 검은 돌 2개, 흰 돌 3개를 모은 개수 5를 분모로 하였다. 분모를 고정하지 않았던 것이다. 하지만 분수 덧셈에서는 전체를 나타내는 분수 막대의 크기가 고정되어 있다. 분수 덧셈에서 통분으로 분모를 같게 하는 이유는 고정된 전체를 똑같이 나누기 위한 것이다. $\frac{1}{2}$ 을 $\frac{3}{6}$ 으로 $\frac{1}{3}$ 을 $\frac{2}{6}$ 로 통분해 더한 결과, 전체를 6등분한 것 중에 3조각과 2조각을 합하여 5조각이 된다는 것을 알고자 했던 것이다. $\frac{5}{6}$ 라는 답은 그렇게 얻었다. 따라서 확률값 계산 절차는 분수 덧셈 절차와는 판이하게 다르다.

뺄셈은 덧셈의 역

분수 뺄셈에 대해 특별한 의미를 부여할 필요는 없다. $\frac{1}{2}-$ $\frac{1}{3}$뿐만 아니라 $\frac{1}{3}-\frac{1}{2}$과 같이 음수값을 얻는 경우도 덧셈과 같이 통분에 의해 분모를 같게 한 후에 분자(정수)에 대한 뺄셈을 하면 된다. 이미 앞에서 자연수와 정수의 뺄셈을 사실상 덧셈으로 해석한 것을 떠올리자. 자연수의 뺄셈인 9-2는 2+□=9, 즉 2에 얼마를 더하여 9가 되는지 그 값을 구하는 것이고, 정수의 뺄셈 또한 (+3)-(-6)은 -6에 얼마를 더해야 +3이 되는가를 구하는 것으로 해석하였다. 이를 그대로 분수의 뺄셈에도 적용할 수 있다. 즉 $\frac{1}{2} - \frac{1}{3}$ 은 $\frac{1}{3}$ 에 얼마를 더하여 $\frac{1}{2}$ 이 되는가 하는 덧셈으로 해석할 수가 있다. 따라서 자연수와 정수뿐만 아니라 분수에서도 뺄셈 $a-b$ 의 값인 x 는 b 에 x 를 더하여 a 가 되는 값을 말한다. 뺄셈을 덧셈의 역으로 간주하는 것이다. 나눗셈도 곱셈의 역으로 간주할 수 있으니, 사실상 사칙연산이라기보다는 이칙연산이라고 하여도 무방하다.

분수 연산과는 관련이 없지만 여기서 잠깐 대분수와 가분수라는 용어에 대하여 짚고 넘어가자. 예를 들어 $3\frac{2}{5}$ 같은 대분수를 종종 '큰 분수'로 생각하기도 하는데, 대분수의 '대'에서 한자어 '大'를 연상하기 때문일 것이다. $\frac{2}{7}$ 와 같은 진분수보다 상대적으로 크기가 큰 분수로 받아들이는 것이다. 하지만 대분수의 정확한 한자어 표기(大分數가 아닌 帶分數)를 알고 나면 상황이 달라진다. 대분수의 '대'帶는 어깨나 허리에 두르는 띠를 가리킨다. $3\frac{2}{5}$ 에서 자연수 3이 분수 $\frac{2}{5}$ 옆에 '띠'처럼 걸쳐 있어 대분수라고 이름 지었다.

한편 $\frac{7}{2}$ 과 같이 분자가 분모보다 큰 가분수는 '가짜 분수'를 줄인 말로 착각하는 경우가 있다. 초등학교 교사들을 위해 국가에서 발행한 지도서에도 그렇게 기술되어 있을 정도이다. 아마도 진분수의 '진'眞을 참이라는 뜻으로 받아들인 데서 그릇된 해석이 나온 것으로 짐작된다. 진분수眞分數에서의 眞은 참이라는 뜻보다는 '원래 모양 그대로'의 의미다. 영어로 표현하면 original을 뜻한다. 그리고 가분수의 '가假'는 거짓이라는 의미가 아닌, '가건물' '가채점'과 같은 임시 또는 일시적인 상태를 말한다. 그러니까 처음 분수를 배우는 단계에서 $\frac{2}{5}$ 와 같은 분수만 다루다가 $\frac{17}{5}$ 같은 분수가 등장하니까, 이를 원래의 분수와 구분하기 위해 가분수라는 이름을 붙인 것으로 해석할 수 있다. 그에 비해 진분수는 처음 분수를 도입할 때에 전체-부분이라는 관계에 따라 정의한 분수의 원래 모양 그대로original의 의미를 갖고 있다.

대분수는 초등학교에서만 다루고 그 이후에는 접할 수가 없다. 굳이 대분수를 구분해 가르쳐야 할까 하는 의문이 제기될 법하다. 이유를 짐작해보자면 아마도 초등학교 아이들의 수 세계가 자연수에 국한되어 있기 때문일 것이다. 초등학교에서는 수의 세계가 유리수까지 확장되지 않는다. 소수는 분자가 10인 분수로 바꿀 수 있으니 분수로 여기는 것 같다. 따라서 $\frac{17}{5}$ 과 같은 가분수는 자연수 3을 분리하고 나서 0.4의 값을 가진 $\frac{2}{5}$ 라는 진분수와의 합으로 이해하도록 설정하였다. $\frac{17}{5}$ 을 하나의 수, 즉 유리수로 받아들일 수가 없기 때문에 자연수와 분수를 따로 떼어 자연수를 강조하고, 그래서 대분수를 도입한 것이라고 추측된다.

중학교에서 유리수가 도입되면 $\frac{17}{5}$ 과 같은 가분수는 자연수와 분수로 분리하지 않은 채, 하나의 새로운 수로 정당한 대접을 받는다. $\frac{17}{5}$ 과 같은 가분수를 굳이 $3\frac{2}{5}$ 같은 대분수로 나타낼 필요가 없다. 이와 같이 초등학교에서의 대분수 사용은 학습자의 수준에 따른 수 개념의 확장과 밀접한 관련을 맺고 있다. 하지만 굳이 대분수를 별도로 가르쳐야 한다는 사실에 대해서는 여전히 의문이 남는다.

왜 분모는 분모끼리,
분자는 분자끼리 곱하는가

분수 곱셈의 정답을 얻는 절차는 다음과 같이 정말 간단하다.

a, b, c, d가 자연수일 때, $\dfrac{a}{b} \times \dfrac{c}{d} = \dfrac{ac}{bd}$ 이다. (단, $bd \neq 0$)

$\dfrac{2}{3} \times \dfrac{4}{7} = \dfrac{2 \times 4}{3 \times 7} = \dfrac{8}{21}$ 처럼 분자는 분자끼리, 분모는 분모끼리 곱한 값을 각각 분자와 분모로 하는 분수가 정답이다. 그런데 왜 그렇게 해야 하는지를 설명할 수 있는 사람은 그리 많지 않다.

덧셈은 분모가 같아지도록 통분을 하는데, 곱셈은 왜 분자끼리 그리고 분모끼리 곱한 것을 정답이라고 하는 것일까? 문제를 풀 수 있다고 알고 있는 것이 아니라는 사실을 보여주는 또 하나의 사례이다. 질문에 답하기 위해 분수의 곱셈을 몇 가지 경우로 나누어 생각해보자.

우선 $\frac{3}{8} \times 5$와 같이 분수에 자연수를 곱하는 경우를 생각해보자. 5를 곱한다는 것은 다섯 번을 거듭해서 반복적으로 더하는 동수누가로 해석할 수 있다. 따라서 이 곱셈은 다음과 같은 덧셈식으로 나타낼 수 있다.

$$\frac{3}{8} \times 5 = \frac{3}{8} + \frac{3}{8} + \frac{3}{8} + \frac{3}{8} + \frac{3}{8} = \frac{15}{8}$$

이때의 덧셈 과정을 좀 더 세분화하면 다음과 같다.

$$\frac{3}{8} \times 5 = \frac{3}{8} + \frac{3}{8} + \frac{3}{8} + \frac{3}{8} + \frac{3}{8}$$
$$= (\frac{1}{8} + \frac{1}{8} + \frac{1}{8}) + (\frac{1}{8} + \frac{1}{8} + \frac{1}{8}) + (\frac{1}{8} + \frac{1}{8} + \frac{1}{8})$$
$$+ (\frac{1}{8} + \frac{1}{8} + \frac{1}{8}) + (\frac{1}{8} + \frac{1}{8} + \frac{1}{8})$$

$\frac{3}{8}$은 단위분수 $\frac{1}{8}$의 세 배(또는 세 번 더한 것)이고, $\frac{3}{8} \times 5$는 이를 5번 더한 값이므로, 결국 $\frac{1}{8}$이라는 단위분수를 15번 더한 셈이다.

그런데 $7 \times \dfrac{2}{3}$ 와 같이 (자연수)×(진분수)는 동수누가를 적용할 수 없다. 그렇다면 어떤 방식으로 접근해야 할까? 이 같은 분수 곱셈은 다음 상황에 적용된다.

길이가 7m인 철사의 $\dfrac{2}{3}$ 길이는 얼마인가?

$7 \times \dfrac{2}{3}$ 라는 곱셈식을 어떻게 계산할 수 있는가를 알아보기 위해 설정한 상황이다. 물론 7은 $\dfrac{7}{1}$ 이라는 분수로 나타낼 수 있으므로, 분모끼리 곱하고 분자끼리 곱하여 $\dfrac{14}{3}$ 라는 답을 얻을 수 있다. 하지만 왜 그렇게 되는가를 탐색하는 것이 우리의 목표이다. 문제풀이 과정에서 큰 벽을 만나 더 이상 나아갈 수 없는 경우에는 주어진 문제를 단순하게 변형하여 돌파구를 마련할 수도 있다. 그래서 $7 \times \dfrac{2}{3}$ 라는 곱셈에 앞서 $7 \times \dfrac{1}{3}$ 과 같은 단위분수의 곱셈부터 생각해보자.

$7 \times \dfrac{1}{3}$ 과 같은 분수의 곱셈은 7의 $\dfrac{1}{3}$ 배라는 뜻이고, 이는 분수 $\dfrac{1}{3}$ 의 뜻에 의해서 7을 3등분하였을 때 그 중 하나임을 말한다. 그런데 7을 3등분한다는 것이 그리 쉬운 일은 아니다.

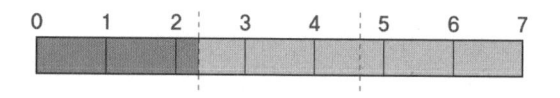

철사를 길이 7m의 막대로 바꾸어도 3등분이 쉽지 않다.

7은 3의 배수가 아니므로 3등분하였을 때 나누어떨어지지 않는다. 따라서 정확하게 나누는 것이 쉽지 않다. 그렇다면 다음과 같이 발상의 전환을 도모해보자.

우선 길이가 7m인 철사를 같은 길이의 나무 막대로 바꾸도록 하자. 그리고 길이가 각각 1m인 직사각형 모양의 막대 7개로 잘라 그 각각의 $\frac{1}{3}$배를 생각하자는 것이다.

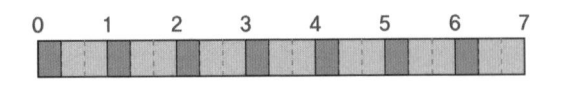

그림에서 결국 $\frac{1}{3}$의 7배는 $\frac{7}{3}$이라는 결론을 얻는다. 이와 같은 방식을 $7 \times \frac{2}{3}$에 적용해보자. $\frac{2}{3}$는 $\frac{1}{3}$의 2배이고 다시 그것의 7배라는 사실에서 $\frac{14}{3}$라는 결론을 얻는다. 분자는 분자끼리 그리고 분모는 분모끼리의 규칙이 그대로 적용되는 것을 알 수 있다.

이제 마지막으로 $\frac{2}{3} \times \frac{5}{7}$와 같은 분수끼리의 곱셈을 생각하자.

우선 $\frac{2}{3}$와 $\frac{5}{7}$를 그림으로 나타내는 방안을 생각해야만 한다. 앞에서 사용한 직사각형 모델을 계속 활용할 수 있다. 즉 $\frac{2}{3}$는 하나의 직사각형을 3등분한 조각 중의 2개 조각이고, $\frac{5}{7}$는 하나의 직사각형을 7등분한 것 중의 5조각이다. 두 분수를 함께 나타내기 위해 각각의 등분을 다음 그림과 같이 가로와 세로로 구분할 필요가 있다.

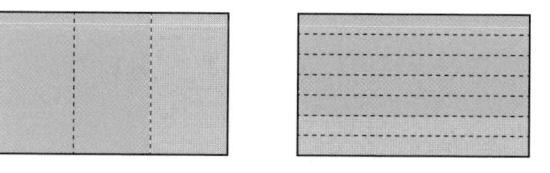

$\frac{2}{3} \times \frac{5}{7}$ 는 $\frac{2}{3}$ 의 $\frac{5}{7}$ 배를 뜻한다. 따라서 다음 그림에서 보는 바와 같이 $\frac{2}{3}$ 표시된 부분을 다시 7등분한 것 중의 5를 말한다. 이는 전체를 21등분한 것 가운데 10조각이므로, 분수 곱셈 결과 인 $\frac{10}{21}$ 과 일치한다.

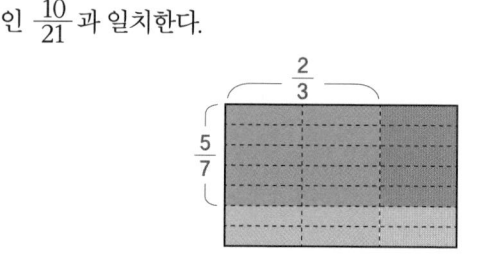

분수 나눗셈은 언제 필요한가

이제부터는 분수의 사칙연산 중에서 마지막으로 나눗셈에 대하여 살펴보자. 나눗셈은 곱셈의 역이라는 사실을 충분히 이해하였을 것이기에, 분수 나눗셈도 그리 어렵지 않게 추론할 수 있을 것이다. 나눗셈 $12 \div 3$은 3에 무엇을 곱하여 12가 되는가, 즉 $3 \times \square = 12$라는 곱셈으로 전환할 수 있다. 분수 나눗셈에 그대로 적용해보자.

예를 들어 분수 나눗셈 $\frac{4}{5} \div \frac{3}{7}$은 $\frac{3}{7} \times \square = \frac{4}{5}$라는 곱셈식이 성립하도록 하는 $\square$을 찾는 과정이고, 결국 $\frac{4}{5} \times \frac{7}{3}$과 같음을

알 수 있다. 다시 말해 이미 우리가 알고 있듯이, 제수의 역수를 곱하는 것과 다르지 않다. 그러므로 분수 나눗셈은 실제 나눗셈을 하는 것이 아니라 곱셈을 하는 것이고, 이때 제수의 역수만 바꾸면 된다. 정말 간단하다. 하지만 깔끔하고 후련하지 않다. 마음 한구석에 뭔가 찜찜한 느낌이 이는 것은 왜일까? 그것은 분수 나눗셈의 의미가 명쾌하지 않기 때문이다. 도대체 분수 나눗셈을 적용해야 하는 경우는 어떤 상황일까?

앞에서 살펴본 자연수의 나눗셈은 단위량에 대한 비율을 구하는 것임을 떠올리자. 예를 들어 12개의 사탕을 4명이 나눌 때의 답을 정확한 단위까지 밝히면 3(개/명)이었다. 즉 1인당 3개씩 갖는다는 의미로, 나눗셈의 결과는 제수가 1일 때의 양을 말한다. 또 다른 예를 들어보자. 2m 길이의 철근 무게가 10kg이라면 10(kg)÷2(m)의 결과는 5kg/m로, 길이가 1m인 철근의 무게가 5kg이라는 사실을 알 수 있다. 이때 나눗셈 2(m)÷10(kg)을 적용하면 그 답은 $\frac{1}{5}$, 즉 0.2의 값이 나온다. 1kg짜리 철근의 길이가 0.2m라는 사실을 뜻한다. 이렇듯 나눗셈의 결과는 제수가 1일 때의 양이기 때문에, 나눗셈을 한다는 것은 결국 제수를 1로 만드는 과정이라 할 수 있다.

이 논리를 분수 나눗셈에 적용하기 위해 다음과 같은 가상의 상황을 상정해보자.

오렌지 주스 $\frac{7}{5}$ L에 $\frac{3}{1000}$ g의 설탕이 들어 있다고 하자. 주스 1L에 들어 있는 설탕은 양은 얼마인가?

분수 나눗셈을 적용해야 하는 문제이다. 1L에 들어 있는 설탕의 양을 구해야 하니, 나누는 수는 주스의 양인 $\frac{7}{5}$ L가 된다. 다음 식으로 나타낼 수 있다.

$$\frac{3}{1000} \div \frac{7}{5}$$

문제를 해결하기 위해 $\frac{7}{5}$ 의 역수를 곱하는 $\frac{3}{1000} \times \frac{5}{7}$ 가 된다는 사실을 밝히면 된다. 다음 표를 살펴보기 바란다.

설탕(g)	주스(L)	비고
$\frac{3}{1000}$	$\frac{7}{5}$	
$\frac{3 \times 5}{1000}$	7	주스 $\frac{7}{5}$ (L)×5
$\frac{3 \times 5}{1000 \times 7}$	1	주스 7(L)×$\frac{1}{7}$

제수에 해당하는 주스의 양을 1로 만드는 과정이다. $\frac{7}{5}$ L에 5배하여 7L를 만들고, 다시 $\frac{1}{7}$ 배하여 1L로 만들었다. 설탕의 양도 이에 비례하여 변화하는 것을 볼 수 있다. 결국 마지막에는 $\frac{3}{1000} \times \frac{5}{7}$ 라는 곱셈식이 나타났으니, 바로 $\frac{3}{1000} \div \frac{7}{5}$ 의 결

과이다. 즉 제수의 역수를 곱한 값이다.

지금까지 살펴본 자연수와 분수의 사칙연산은 초등학교에서 다루는 내용이다. 정수는 중학교에 입학하자마자 배운다. 이제부터는 무리수를 포함한 실수와 허수의 세계를 본격 탐색하는 중등수학의 내용이 펼쳐진다.

4. 불완전해 보이는
무리수 연산의 세계

불완전한 덧셈과 뺄셈

이제부터 다루는 무리수의 연산은 지금까지와는 많이 다르다. 무리수 연산의 몇 가지 사례를 살펴보자.

$$3+\sqrt{2}, \ 5\sqrt{2}+\frac{1}{2}\sqrt{2}, \ \sqrt{2}+\sqrt{3}, \ \sqrt{2}\sqrt{3}, \ \frac{2}{\sqrt{3}}, \ \frac{2}{\sqrt{3}-1}$$

위에 든 예 가운데서 우선 덧셈부터 살펴보자. $3+\sqrt{2}$ 에 들어 있는 덧셈 기호 +는 지금까지의 덧셈 연산에서 적용되던 더하기 또는 합을 의미하지 않는다. 이 식은 더 이상 간단히 할 수 없다. 그대로 두어야 한다. 왜 그럴까? 무리수는 유리수가 아닌 수이다.

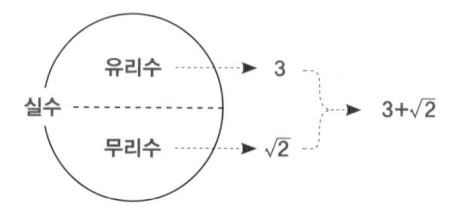

여기서는 무리수가 무엇인지 상세히 설명하기에 적합하지 않다. 간략히 유리수가 아닌 실수라고만 해두자. 유리수는 분모와 분자가 정수인 분수로 나타낼 수 있는 수이다. 따라서 유리수와 무리수의 차이는 같은 단위로 측정이 가능하냐 혹은 불가능하냐로 구분된다. 사실 설명하기 어려운 이야기이다. 바로 그 때문에 피타고라스학파의 집단살인이라는 불행하고 끔찍한 사건까지 벌어졌으니. 시리즈의 다음 책인《피타고라스학파의 집단살인》은 무리수의 세계를 자세히 다루고 있다. 어쨌든 무리수와 유리수는 물과 기름처럼 따로 놀 수밖에 없다.

$3+\sqrt{2}$ 는 무리수이기 때문에 더 이상 간단히 표기할 수 없다. 하지만 그 값이 무엇인지는 수직선에서 확인할 수 있다.

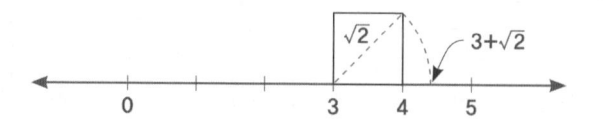

두 무리수의 합인 $\sqrt{2}+\sqrt{3}$ 도 더 이상 간단히 표기할 수 없다. 정의 자체가 다르기 때문이다. 그럼에도 불구하고 그 값을 다음 그림에서와 같이 수직선 위에 나타내는 것은 가능하다.

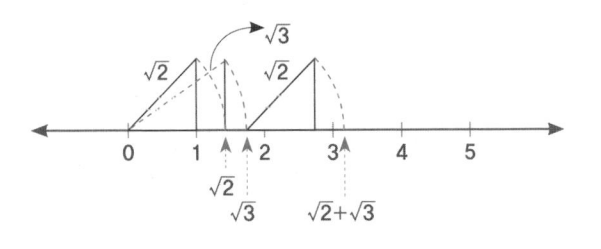

$3+\sqrt{2}$ 와 $\sqrt{2}+\sqrt{3}$ 은 지금까지 살펴보았듯이, $2+3=5$ 또는 $\frac{1}{2}+\frac{1}{3}=\frac{5}{6}$ 와 같은 유리수의 덧셈처럼 하나의 숫자로 표기할 수 없다. 그렇다고 각각이 서로 다른 두 개의 수를 의미하는 것은 아니고, 하나의 수를 가리킨다. 유리수의 덧셈을 화학적 결합이라 한다면, 이들은 물리적 결합이라고나 할까. 이렇듯이 무리수의 합도 유리수의 합과 마찬가지로 수직선 위의 선분 길이로 나타낼 수 있다. 다만 숫자 표기가 다를 뿐이다.

그런데 $5\sqrt{2}+\frac{1}{2}\sqrt{2}$ 는 다음과 같이 좀 더 간단히 표기할 수 있다.

$$5\sqrt{2}+\frac{1}{2}\sqrt{2} = (5+\frac{1}{2})\sqrt{2} = \frac{11}{2}\sqrt{2}$$

$\sqrt{2}$ 에 각각 5배와 $\frac{1}{2}$ 배를 한 수이기에 분배법칙을 적용하면 유리수끼리의 덧셈이 가능하다. 따라서 간단한 하나의 숫자로 표기가 가능하다.

무리수의 덧셈을 이해한다면 굳이 뺄셈까지 언급할 필요는 없을 것 같다. 뺄셈은 다음과 같이 덧셈의 역인 부호를 바꾼 수를 더하는 것으로 간주할 수 있기 때문이다.

$$3 - \sqrt{2} = 3 + (-\sqrt{2})$$
$$5\sqrt{2} - \frac{1}{2}\sqrt{2} = 5\sqrt{2} + (-\frac{1}{2}\sqrt{2}) = \frac{9}{2}\sqrt{2}$$
$$\sqrt{2} - \sqrt{3} = \sqrt{2} + (-\sqrt{3})$$

이와 같이 유리수와 무리수라는 이질적인 속성을 갖는 수끼리의 연산, 특히 덧셈과 뺄셈 결과의 표기는 불완전할 수밖에 없다. 그렇다면 곱셈과 나눗셈도 그럴 것이라는 불길한 예감이 드는데, 계속해서 살펴보자.

무리수의 곱셈은
어디서 출발하는가

$3\sqrt{2}$ 는 유리수와 무리수를 곱한 것으로 무리수 $\sqrt{2}$ 의 3배를 의미한다. 이제부터 살펴보는 무리수의 곱셈은 유리수가 배제된 무리수끼리의 곱이다. 보다 정확하게 표현하면 제곱근에 대한 곱셈식을 말하는데, 이는 $\sqrt{a}\sqrt{b}=\sqrt{ab}$ 라는 등식을 말한다. 예를 들면 $\sqrt{2}\sqrt{3}=\sqrt{2\times3}=\sqrt{6}$ 이라는 식이다.

제곱근의 곱셈은 결국 자연수끼리의 곱셈 결과에 대한 제곱근이다. 즉 두 개의 무리수 $\sqrt{2}$ 와 $\sqrt{3}$ 을 곱한다는 것은 결국 2와 3이라는 자연수끼리의 곱 6의 제곱근이 된다는 것이다. 이는 추론을 통해 입증해야 하기 때문에 다음과 같은 증명이 요구된다.

$\sqrt{a}\sqrt{b}=\sqrt{ab}$ 를 증명해보자.

$\sqrt{a}\sqrt{b}$ 를 제곱하면 다음과 같다.

$$(\sqrt{a}\sqrt{b})^2 = (\sqrt{a}\sqrt{b})(\sqrt{a}\sqrt{b})$$
$$= (\sqrt{a}\sqrt{a})(\sqrt{b}\sqrt{b})$$
$$= (\sqrt{a})^2(\sqrt{b})^2$$
$$= ab$$

따라서 $\sqrt{a}\sqrt{b}=\sqrt{ab}$ 이다.

단 몇 줄에 불과한 짧은 증명이지만, 증명 과정에 어떤 의미가 있는지 살펴볼 좋은 기회이다. 증명 과정을 되짚어보도록 하자. 상당수의 학생들이 의외로 위의 증명을 이해하지 못한다고 한다. 그래서인지 단순 암기나 기계적인 계산에 머무르고 만다. 그 같은 잘못을 극복하기 위해 증명 과정을 자세히 들여다보자.

등식을 증명한다는 것은 (좌변)과 (우변)이 같다는 것을 보이면 된다. 그렇다면 이 증명의 첫 단계는 $\sqrt{a}\sqrt{b}=\sqrt{ab}$ 라고 할 것인지 아니면 $\sqrt{ab}=\sqrt{a}\sqrt{b}$ 라고 할 것인지에 대한 보이지 않는 결정이라고 할 수 있다. 수학적 증명이 어려운 것은 증명 과정 때문이라기보다는 그 이면에 들어 있는 사고의 흐름을 제대로 파악하지 못하기 때문이다.

$\sqrt{a}\sqrt{b}$ 를 제곱하는 데서 증명이 출발하고 있다. 왜 그런 결정을 내렸는지를 이해하는 것이 핵심이다. 그 결정은 $\sqrt{a}$ 라는 표기, 즉 제곱근의 정의에서 비롯되었다.

제곱근 a, 즉 $\sqrt{a}$ 는 '제곱하여 a가 되는 수'를 말한다.

이를 식으로 나타내면 $(\sqrt{a})^2 = a$가 된다.

이제 우리가 증명하려는 등식을 다시 살펴보라.

$$\sqrt{a}\sqrt{b} = \sqrt{ab}$$

좌변과 우변 중에서 어느 쪽이 간결한가? 우변의 $\sqrt{ab}$, 즉 ab의 제곱근은 정의에 의해 제곱해서 ab가 되는 수를 말한다. 그렇다면 좌변으로부터 우변이 되는 과정을 보여주면 충분하다는 결론을 얻을 수 있다. 사실상 증명 전체의 개요에 대한 스케치가 완성된 것이다.

이제 $\sqrt{a}\sqrt{b}$ 를 제곱하는 계산에 몰두하면 된다. 위에 제시된 증명 절차를 밟으면 물론 ab라는 결과가 나온다. 제곱근의 정의에 따라, 제곱해서 ab를 얻었으니 좌변 $\sqrt{a}\sqrt{b}$ 는 ab의 제곱근이라 할 수 있다. 이는 $\sqrt{ab}$ 로 나타낸다. 증명 끝. Q.E.D.*

---

*   Q.E.D.(때로는 QED로 표기)는 '추론되었음'을 뜻하는 라틴어 'quod erat demonstrandum'의 약자이다. 수학에서 증명의 끝에 표기하여 증명이 완결되었음을 알려준다.

　　나눗셈은 곱셈의 역이므로 굳이 나눗셈을 다룰 필요는 없지만, 나누는 수(제수)가 무리수인 경우에는 약간 손을 볼 필요가 있다. 다음의 예를 살펴보자.

$$\sqrt{2} \div 3, \ (1+\sqrt{2}) \div 3, \ 3 \div \sqrt{2}, \ 3 \div (1+\sqrt{2})$$

　　우선 $\sqrt{2} \div 3$ 은 다음과 같이 그리 문제가 되지 않는다.

$$\sqrt{2} \div 3 = \sqrt{2} \times \frac{1}{3} = \frac{1}{3}\sqrt{2}$$

　　즉, 무리수 $\sqrt{2}$ 에 $\frac{1}{3}$ 배를 곱한 수이다. 같은 방식으로 두 번째 수 $(1+\sqrt{2}) \div 3$ 도 $\frac{1}{3}(1+\sqrt{2})$ 이므로 앞의 경우와 다르지 않다. 이와 같이 나누는 수(제수)가 유리수인 경우에는 별 문제가 없다.

　　그러나 $3 \div \sqrt{2}$ 와 같이 나누는 수가 무리수인 경우에는 다음과 같이 약간 다듬을 필요가 있다.

$$3 \div \sqrt{2} = \frac{3}{\sqrt{2}} = \frac{3 \cdot \sqrt{2}}{\sqrt{2} \cdot \sqrt{2}} = \frac{3\sqrt{2}}{2} = \frac{3}{2}\sqrt{2}$$

　　분모에 무리수 $\sqrt{2}$ 가 있었지만 제곱하여 유리수 2로 만들었다. 그 결과인 $\frac{3}{2}\sqrt{2}$ 는 훨씬 다루기 쉬운 무리수가 되었다. 이와 같이 분모에 무리수가 있는 경우에는 유리수로 만드는 과정이 필요하다. 이를 '분모의 유리화'라고 하는데, 매우 어색한 용어이다. 짐작했겠지만 일본어 한자 용어를 그대로 빌어온 것이다. 다소 불편하더라도 관례를 따르지 않을 수 없다.

분모를 유리수로 만드는 과정이 조금 다른 경우가 네 번째 예인 $3 \div (1+\sqrt{2})$이다. 분모에 들어 있는 무리수를 어떻게 유리수로 만들 것인가? 제곱을 하여도 여전히 무리수는 남는다. 다음과 같은 항등식이 유용하다.

$$(a+b)(a-b) = a^2 - b^2$$

위의 항등식을 $3 \div (1+\sqrt{2})$ 수식에 적용하면 다음과 같은 풀이가 가능하다.

$$3 \div (1+\sqrt{2}) = \frac{3}{1+\sqrt{2}} = \frac{3 \cdot (1-\sqrt{2})}{(1+\sqrt{2}) \cdot (1-\sqrt{2})}$$
$$= -3(1-\sqrt{2}) = -3 + 3\sqrt{2}$$

무리수의 사칙연산에 대한 의미는 같은 실수 범위에 들어 있는 유리수의 사칙연산과 같으므로 이상으로 갈음하려고 한다.

5. 상상 속의 수인 허수도
연산이 가능한가

괴상한 돌연변이, 허수

분모와 분자가 정수인 분수로 나타낼 수 없어 유리수가 아닌 무리수로 분류되는 수에는 여러 종류의 수가 나타난다. 유리수의 제곱근인 $\sqrt{2}$, $\sqrt{3}$ ⋯, 원주율로 알려진 π, 초월수로 알려진 e, 그리고 로그값들인 $\log 2$, $\log 3$ ⋯ 각각의 무리수는 모양뿐만 아니라 그 성질 또한 다양하기 이를 데 없다.

반면에 허수는 $\sqrt{-1}$ $(=i)$라는 허수 단위에서 출발하여, $2i$, $3i$, $4i$ ⋯로 표기된다. 마치 모든 자연수가 1이라는 단위에서 생성되는 것과 다르지 않다.

전체 수의 체계

$\sqrt{2}$와 같은 제곱근 형태의 무리수는 이차방정식 풀이과정에서 접하게 되는데, 허수도 그렇다. $x^2-2x+4=0$과 같은 이차방정식의 두 근, $1+\sqrt{-3}$과 $1-\sqrt{-3}$의 근호 안에 음수가 들어 있는 $\sqrt{-3}$ 같은 허수가 등장하는 것이다. 하지만 같은 이차방정식의 근임에도 불구하고 허수를 보는 순간 무리수와는 달리 무척 생소하고 당혹스럽기 짝이 없다는 느낌을 갖는 것은 왜일까? i 또는 $\sqrt{-1}$로 표기되는 허수 단위는 그 모양부터가 낯설고 어색하다. 마치 청반바지에 턱시도를 걸친 사람을 만난 느낌이라고나 할까. 그래서인지 허수를 처음 접하는 사람들 대부분이 이런 의문을 제기한다.

'$x^2=-1$, 즉 제곱하여 -1이 될 수 있는 수가 과연 존재할 수 있을까? 설혹 그렇다 하더라도 이것을 수라고 말할 수 있을까?'

허수의 존재 자체에 대한 의심은 그리 이상하다 할 수 없다. 중학교 때까지는 양수든 음수든 어떤 수라도 제곱했을 때 항상 양수가 된다고 배웠다. 그런데 갑자기 또 다른 새로운 수라면서 '제곱하여 음수 −1이 되는 수를 허수라 한다'고 천명하니 말이다. 뭔가 속은 것 같기도 하고 억지스럽게 느껴지기도 한다.

사실 가만히 들여다보면 허수虛數라는 수의 이름 자체도 괴이하기 짝이 없다. 무엇인가 비어 있거나 결핍되어 있다는 또는 아예 아무 것도 없을 수 있다는 느낌을 불러일으키지 않는가? 아마도 실수實數라는 수와 대비시키기 위해 허虛라는 한자를 택한 것으로 짐작되지만, 정말 제대로 된 이름인지 의심해볼 만하다. 'imaginary number'라는 영어 이름도 다르지 않다. 수의 이름으로는 자연스럽다 할 수 없어서 이 또한 흔쾌하게 받아들이기 쉽지 않다. 마치 〈이상한 나라의 앨리스〉 같은 상상의 세계에나 존재할 법한 수라고 여기게끔 만들고 있으니 말이다.

아마도 용어 때문이라고 짐작되는데, 사람들은 실수를 실제로 존재하는 수라고 믿는 것 같다. 자연스럽게 허수는 실재하지 않는 수라는 반응이 생길 수밖에 없다. 실수에 너무나 익숙해진 나머지 허수에 거부 반응을 보이는 사람들의 또 다른 수에 대한 믿음이 있다. 어떤 수(물론 0은 제외된다)이든 제곱하면 당연히 양수여야 한다는 믿음이 그것이다. 그동안 실수만을 접하였기 때문에 형성된 믿음이다. 실수가 수의 세계 전체라고 한정하여 그곳에

안주하고자 하는 것이다.

실수만을 수의 세계라고 알고 있던 사람들에게 허수와의 만남은 가히 충격이 아닐 수 없다. 수에 대한 자신들의 믿음이 한순간에 무너져버리는 상실감을 갖게 될 테니까. 에덴 동산에서 천진난만하게 평화로운 삶을 누리다가 어느 날 갑자기 쫓겨나는 신세로 전락한 아담과 이브의 심정과 다르지 않을 것이다.

허수는 우리가 갖고 있던 수에 대한 근본적인 인식의 전환을 요구한다. 기이한 돌연변이가 아니라 막강한 힘을 가진 거대한 괴물에 진배없다. '제곱하여 -1이 되는 수'라는 허수의 정의는 우리에게 충격과 허탈감을 던져주는 대단히 폭력적인 문장이 아닐 수 없다. 허수한테서 받은 충격 탓인지 이제는 그 어떤 것도 믿을 수 없는 상황이 되었다. 어쩔 수 없이 에덴동산은 허구이고 실낙원이야말로 우리가 발을 딛고 있는 진짜 세계라는 사실을 받아들이지 않을 수 없게 되었다.

수학의 역사는 이 같은 체념이야말로 수에 대한 올바른 인식으로 향하는 지름길이라는 사실을 증명해준다. 허수를 처음 접한 옛 수학자들의 고통도 우리와 그리 다르지 않았다. 오늘날 우리가 허수 때문에 애를 먹는 시간은 고작 고등학교 3년 정도에 불과하지만, 수학자들은 무려 300년이라는 긴 세월 동안 암흑 같은 무지의 세계에 갇혀 있어야 했다.

대표적인 사람 중의 하나가 15세기 프랑스 수학자 니콜라 슈

케Nicolas Chuque 1445-1488였다. 그는 지수 표기를 자연수뿐만 아니라 0과 음수까지 확장한 최초의 수학자였다. 그런데도 이차방정식을 다룬 자신의 논문에서 허근이 나오자 이를 '불가능한 수'라고 폄하하고 더 이상의 언급을 회피했다.

삼차방정식과 관련된 수학의 역사에 빠지지 않고 등장하는 16세기 이탈리아 수학자 지롤라모 카르다노Girolamo Cardano 1501-1576도 그 중 한 사람이다. 그는 자신의 책에 "$\sqrt{-9}$는 3도 아니고 -3도 아닌 제삼의 난해한 수"라는 기록을 남겼다. 이렇게 당시 대부분의 수학자들은 $\sqrt{-1}$, $\sqrt{-2}$ 같은 수를 '궤변적인 음수'라고 기술하며 거부감을 드러냈다. 음의 정수조차도 하나의 수로 받아들이기를 꺼려 하던 당시의 시대적 배경을 고려할 때, 충분히 이해할 수 있는 반응이다. 실제로 그들은 음의 제곱근뿐만 아니라 보통의 음수도 그렇게 불렀다. 그때는 그랬다. 그것이 그들의 수학 수준이었다.

유럽의 수학자들만 그런 것은 아니었다. 그보다 앞선 12세기 인도에서도 유사한 흔적을 발견할 수 있다. 《비자-가니타》라는 책에는 "제곱해서 음이 되는 수는 상상할 수 없다"는 기록이 남아 있다. 이런 사실로 미루어보아 허수를 영어로 'imaginary number'라고 표현한 것은 판타지 동화처럼 '상상 속의 수'라는 의미를 나타내기 위한 것은 아닌 것 같다. 그보다는 오히려 '상상할 수 없는' 또는 '상상조차 하기 어려운 수'라는 뜻을 담은 것으로 보는 것이 더 적절하다.

　니콜라 슈케의 시대로부터 300여 년의 시간이 흐른 18세기 초에 이르러 비로소 수학자들의 글에 음수의 제곱근 $\sqrt{-1}$ 이 비교적 자주 등장하기 시작한다. 그렇다고 그들이 지금의 우리처럼 그 수를 편하고 자유롭게 사용하였다는 뜻은 아니다. 아이작 뉴턴의 경우를 보면, 그가 1728년에 라틴어로 집필한《범용 대수학》*Universal Arithmetik*에 다음과 같은 글이 남아 있다.

　　이 방정식은 하나의 실제 해와 두 개의 음수 해, 그리고 두 개의 불가능한 해를 갖는다.

　18세기의 뉴턴도 허근을 불가능한 수로 여겼던 것이다. 이처럼 허수를 또 하나의 새로운 수로 받아들이기 어려워한 가장 큰 이유는, 앞에서 언급했듯이 실수라는 기존의 수 세계에 꽁꽁 갇혀 있었던 탓이다. 기존의 수 관념은 제곱하여 음수가 되는 수를 상상조차 허락하지 않았다.

보이면 존재한다

　실수라는 이름에서 알 수 있듯이 사람들은 수가 실제로 존재하는 것으로 믿고 있다. 그런 믿음의 근거는 무엇일까? 하나, 둘, 셋 …과 같은 자연수는 구체적으로 대상을 세어볼 수 있어 그럴 수 있다고 치자. 하지만 $\sqrt{2}$ 와 같은 무리수까지 실제로 존재한다고 믿는 까닭은 무엇 때문일까? 사람들은 눈으로 확인할 수 있으면 존재하는 것으로 여긴다. 그러니까 $\sqrt{2}$ 를 눈으로 확인할 수 있기 때문이다. 어떻게?

$\sqrt{2}$ 와 같은 양수의 제곱근인 무리수를 시각화하기 위한 수단으로 기하학적 의미를 부여해보자. 일반적으로 양수 A의 제곱근 $\sqrt{A}$ 는 넓이가 A인 정사각형의 한 변의 길이로 간주하면 된다. 그러면 $\sqrt{A}$ 를 눈으로 확인할 수 있고, 그 수에 대한 개념을 쉽게 떠올릴 수가 있다.

하지만 제곱근이라는 개념 틀에서 허수의 존재를 확인하는 것은 쉽지 않다. 음수의 제곱근인 허수도 같은 방식으로 접근하고자 한다면, 다음과 같은 질문에 답해야만 한다.

'0보다 작은 넓이를 갖는 정사각형의 한 변의 길이는 얼마인가?'

하지만 넓이가 음수인 도형을 생각하는 것 자체가 불가능하지 않은가. 그래서 결국 허수는 존재할 수 없는 수라는 인식에 이르게 되었던 것이다. 옛 수학자들이 무려 300여 년 동안 틀에 박힌 관점에서 좀처럼 벗어날 수가 없었던 까닭을 충분히 이해할 수 있다.

그래도 허수의 존재를 규명하고자 하는 시도에 미련을 버리지 못했다면, 여전히 다음과 같은 의문을 해결해야만 한다.

'제곱하여 음수가 되는 수를 어떻게 나타낼 수 있을까? 〈이상한 나라의 앨리스〉라는 동화에나 나올 법한 상상 속 허구의 수로서가 아니라, 내 눈 앞에 그 정체를 드러나게 하는 방안은 없는 것일까?'

질문에 대한 답을 시도해보자. 하지만 어디서부터 시작해야 할지 막막하기 그지없다. 이런 상황에서 우리는 줄곧 하나의 원칙을 활용해왔다. 알고 있는 것에서 출발하라는 원칙이 그것이다. 지금 상황에서 이를 다시 한 번 되새겨보자. 허수의 정체를 파악하겠다고 하여 무작정 허수만 들여다볼 수는 없다. 그렇다면 허수가 아닌 실수에서 출발해야 한다. 실수가 무엇인지, 실제로 존재하는 수리는 뜻이 도대체 무엇을 말하는지 살펴보려 한다. 실수의 존재를 규명하기 위해 시각화의 수단으로 기하학적 의미를 부여한 사실을 지나치지 말자.

예를 들어 실수 2가 실제로 존재한다고 확신한 것은 이를 눈으로 확인할 수 있었기 때문이고, 그것은 길이가 2인 선분 때문이다. 이 선분을 한 변으로 하는 정사각형의 넓이는 4이다. 따라서 우리는 2를 4의 제곱근이라고 말할 수 있다.

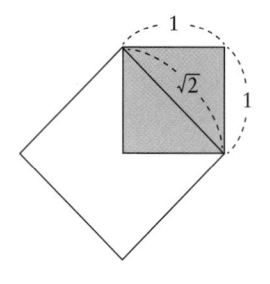

같은 방식으로 2의 제곱근, 즉 제곱하여 2가 되는 수인 $\sqrt{2}$는 넓이가 2인 정사각형의 한 변의 길이로 간주하면 된다. 한편

$\sqrt{2}$ 라는 수는 다시 한 변의 길이가 1인 정사각형의 대각선 길이에 해당한다는 것을 눈으로 확인할 수 있다. 이런 방식으로 모든 실수는 시각화할 수 있고, 그래서 실제로 존재한다는 믿음을 가지게 되었다. 지금 살펴본 것처럼 실수 $\sqrt{A}$ 를 눈으로 확인하기 위해, A의 제곱근을 '넓이가 A인 정사각형의 한 변의 길이'라고 간주한 흔적은 제곱근을 뜻하는 영어 단어에 남아 있다. (정사각형을 뜻하는 square와 뿌리를 뜻하는 root가 결합해 제곱근 square root가 탄생하였다.) 또한 16세기 이탈리아 수학자들은 제곱근을 간단히 라토lato라고 불렀는데, 이는 정사각형의 변(邊, side)을 뜻하는 라틴어였다. 이처럼 기하학 도형을 빌어 실수를 눈으로 보고자 하였고, 이에 따라 실수는 실제로 존재하는 수라는 인식을 갖게 되었다. 보이니까 존재한다고 여겼던 것이다.

하지만 정말 실수는 존재하는 것일까? 눈으로 확인할 수만 있으면 존재한다고 믿을 수 있을까? 이러한 의심에는 충분히 나름의 이유가 있다. 수학이 다른 학문과 구별되는 가장 커다란 특징은 그 대상 모두가 관념의 산물이며 이를 추상화한 것이라는 사실을 간과할 수 없다. 예를 들어 수학에서의 수와 숫자를 생각해보자. 두 사람, 두 그루의 나무, 두 개의 눈동자 등은 전혀 다른 대상들이다. 그런데도 인류는 이들로부터 '둘'이라는 공통의 추상적 개념을 이끌어낼 수 있었다. '둘'이라는 수 개념은 그렇게 만들어졌다. 그렇다고 수 개념이 현실에서 볼 수 있는 구체적 대상으로 존재하는 것은 아니다. 이를 눈으로 확인하기 위해서는 다른 수단이 필요했다. 그 가운데 하나가 '2'라는 아라비아 숫자 표기다.

수학의 또 다른 대상인 기하학 도형도 다르지 않다. 이 또한 추상화된 관념의 산물에 불과하다. 예를 들어 엄밀한 의미에서의 정사각형, 원, 구, 직육면체 등등의 기하학 도형은 현실 세계에 존재하지 않는다. 플라톤이 설정한 이데아 세계에나 있을 법한 이상화된 추상 개념으로서, 우리의 관념 속에 존재하는 것에 불과하다. 교과서에 들어 있는 그림들은 아라비아 숫자와 마찬가지로 눈으로 볼 수 있게끔 구현한 하나의 모형에 불과하다.

수학의 발달과 더불어 관념 속에만 머물러 있던 수많은 추상 개념들을 많은 사람이 공유할 수 있도록 구체화하는 작업의 결과물이 생성되었다. 유용한 모델을 활용하는 시각화는 그런 공유를 가능하도록 하는 하나의 방편이다.

추상 개념을 구체화하기 위한 수단으로 모델을 설정하거나 활용하는 작업이 유독 수학에만 있는 것은 아니다. 과학에서의 원자 모델이나 분자 모델도 같은 사례에 속한다. 과학 분야의 모델은 눈에 보이지도 않고 감각적인 관찰도 가능하지 않은 대상을 객관성 있게 표현하고, 그로부터 어떤 과학적 결론을 유도하기 위한 수단이다. 훌륭한 모델의 생성은 과학 발전의 바로미터라고 할 수 있다.

모델의 필요성은 심리학 연구에서도 요구된다. 인간의 마음, 곧 사랑, 공포, 앎(이해)과 같은 추상적 대상을 연구하는 심리학도 새로운 모델을 통해 발전한다. 인지심리학에서 컴퓨터를 모델로 활용하는 것도 그런 사례 중의 하나이다. 인간의 마음속에서 역동적으로 작동하는 관찰 가능하지 않은 앎의 과정을 설명하기 위한 하나의 수단이 컴퓨터 모델이다.

앞에서 제곱근 개념을 눈으로 확인하기 위하여 제시한 정사각형도 훌륭한 모델이었음을 떠올려보라. 무리수 $\sqrt{2}$ 는 넓이가 2인 정사각형의 한 변의 길이로 우리 눈앞에 나타나지 않았던가. 그렇다면 $\sqrt{2}$ 는 하나의 선분이 되고, 이는 직선의 일부다. 그렇다. 실수 개념을 나타내는 가장 간단한 모델은 우리가 앞에서 줄곧 사용해온 수직선 모델이다. 추상 개념을 다루는 수학에서 수직선 모델은 수 개념을 눈으로 확인할 수 있게 해주는 가장 단순한 모델이다. 실수가 실제로 존재한다는 사람들의 믿음의 근거는 수직선 모델에서 비롯된 것이다.

그렇다면 다음과 같은 생각을 해볼 수 있다. 실수를 나타내는 수직선과 같이 허수에 대한 적절한 모델을 만들 수는 없을까? 그래서 나름의 적절한 기하학적 의미를 부여할 수만 있다면, 허수도 실제로 존재하는 수로 여겨질 수 있을 텐데. 그렇지만 이미 보았듯이 허수에 길이나 넓이 같은 측정 개념은 더 이상 적용할 수가 없다. 음수 자체가 넓이를 나타낼 수 없기 때문이다. 하지만 불가능은 없다. 발상의 전환을 통해 허수에 대한 모델을 만들어 보자. 새로운 발상으로 접근한다고 하여 모델까지 완전히 새로울 필요는 없다. 혹시 실수에 적용한 수직선 모델을 재활용하는 방안은 없을까?

눈앞에 허수가 나타나다

    수직선 모델은 하나의 실수를 직선 위의 단 하나의 점으로, 또는 역으로 직선 위의 한 점을 단 하나의 실수로 나타낼 수 있는 도구이다. 따라서 산술과 기하학을 연결하는 훌륭한 다리 역할을 담당한다. 수직선은 정말 뛰어난 아이디어이지만, 누가 처음 만들었는지는 알려진 바 없다. 수학을 창안한 천재적인 고대 그리스인들의 기록에서도 수직선은 발견되지 않는다. 아르키메데스의 지렛대 원리가 수직선 모델의 단초를 제공한 것은 아닐까라는 추측이 등장하기도 하지만, 그리 믿을 만하지는 않다.

수직선은 이미 실수에 의해 점령되어 있어 허수가 비집고 들어갈 여지가 도무지 보이지 않는다. 수직선 위의 점들 모두가 빠짐없이 각각 하나의 실수와 대응되고 있으니 말이다. 수직선을 허수와 연계되는 모델로 활용할 수 있을지 지금은 회의적일 수밖에 없다.

그런데 수직선을 고정되어 있는 대상이 아니라 살아 움직이는 역동적인 것으로 바라볼 수는 없을까? 예를 들어 늘이거나 줄일 수는 없을까? 어차피 양끝으로 무한히 뻗어나가는 것이 수직선 아닌가. 그러니 늘이고 줄인다 하여 성질이 바뀌는 것은 아닐 것이다. 수직선을 자세히 들여다보자. 원점에 대응하는 수 0을 중심으로 모든 실수가 좌우로 빼곡하게 놓여 있다. 이제 이들 모든 실수 각각에 2를 곱해보자.

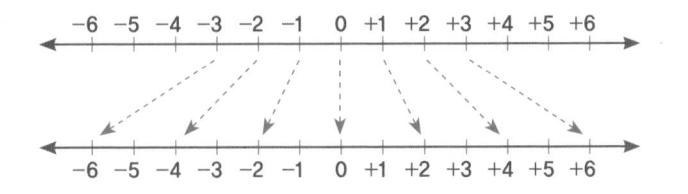

그림에 나타나듯이 0은 그대로 있다. 하지만 +1은 +2로, -1은 -2로, +2는 +4로, -2는 -4로 각각 대응되어, 수직선상의 두 점 사이의 거리가 두 배로 늘어나는 확대변환이 일어난다. 그렇다고 빈틈이 있는 것은 아니다. 수직선은 그대로이지만 이전에 비해 두 배로 늘어났다. 마치 고무줄같이.

용기를 내어 이번에는 다른 시도를 해보자. 수직선 위에 놓인 수 각각에 $\frac{1}{2}$을 곱해보자. 역시 원점에 대응하는 수 0은 그대로 있다. 하지만 1은 $\frac{1}{2}$로, 2는 1로, -1은 $-\frac{1}{2}$로 대응되는 축소 변환이 나타난다. 두 점 사이의 거리가 절반으로 줄어드는 것이다.

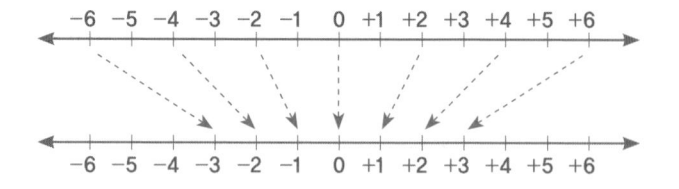

실험의 결과를 일반화할 수 있게 되었다. 수직선 위에 놓여 있는 각각의 수에 양수 N을 곱해보자. 기하학적으로 수직선 위에 있는 임의의 두 점 사이의 거리가 N배로 확대되거나 축소되는 결과를 빚어낸다.

그런데 이때 N이 양수가 아닌 음수라면, 어떤 변화가 일어날까? N=-1이라 하자.

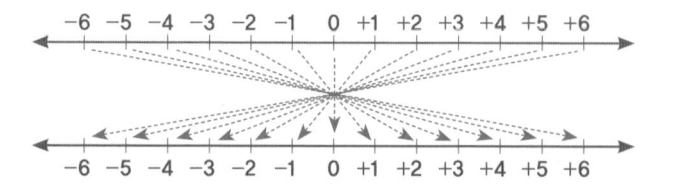

수직선 위에 놓여 있는 전체 모든 수에 −1을 곱하였다. 원점에 해당하는 0은 여전히 그대로 있다. 하지만 원점을 중심으로 수직선의 오른쪽에 있던 수, 즉 양수들은 원점과의 거리를 그대로 유지한 채 모두 왼쪽으로 이동한다. 반대로 왼쪽에 있던 음수들은 오른쪽으로 이동한다. 즉 원점을 중심으로 수직선의 좌-우가 바뀌는 것이다.

여기서 멈출 수는 없다. N=−1이라는 수를 아무렇지 않게 지나칠 수 없기 때문이다. N=−1이라는 선택이 우연이었든 의도적이었든 그것은 중요하지 않다. 우리의 궁극적인 목표는 허수 단위인 $i=\sqrt{-1}$ 을 눈앞에 나타나도록 하는 것이니까. 지금까지의 작업에서 하나의 단서를 발견할 수 있다. 다름 아닌 음수 −1이다. 허수단위 $i=\sqrt{-1}$ 은 음수 −1의 제곱근이다. 다소 머리가 지끈거리기는 하지만, 제곱근 개념에서 $i^2=i\times i=-1$이라는 의미를 유추해낼수 있다. 그리고 다음과 같은 연계가 가능하다.

$$N = -1 = i^2 = i \times i$$

뭔가 서광이 비치는 것 같다. 그런데 이 지점이 중요하다. 정말 중요한 새로운 발상이 필요한 시점이다. 하버드 대학의 배리 마주르 교수가 《허수》*Imagining numbers*(2003)에서 그 실마리를 제공해주었다. 위의 수직선 변환을 다시 살펴보라. 좌우가 바뀐 것으로 보는 것은 일차원적인 사고이다. 좀 더 시야를 넓혀 이차원, 즉 평면 위에서의 움직임으로 바라볼 수는 없을까? 위의 수직선 변환을 회전 이동으로 해석하자는 것이다. 즉 0을 나타내는 원점을 중심으로 180도 회전한 것으로 볼 수 있다. 단순히 일차원적 대상에 지나지 않았던 수직선이 평면 위에서 역동적으로 움직이는 대상으로 바뀌었다. 이로써 다음과 같은 일반적인 결론에 도달할 수 있다.

N이 양수일 때 수직선 위에 놓여 있는 모든 실수에 −N(음수)을 곱한다는 것은 N배로 확대 또는 축소한 후에 180도 회전한 것이라는 기하학적 해석이 가능하다.

그런데 −1은 i를 두 번 곱한 것 아닌가. 두 번 곱해서 180도 회전 이동이 이루어진 것이다. 만일 i를 한 번만 곱하면 어떻게 될까? 그렇다. 그 절반인 90도만 회전 이동한 것으로 해석할 수 있다. 수직선 위에 놓여 있는 각각의 실수에 N을 곱한 것을 다시 실행해보자. 이번에는 N=i로 정해 허수 단위를 곱하는 것이다. 그리고 이를 기하학적으로 해석하자는 것이다.

이제, 허수 개념이 우리 눈앞에 나타나는 것은 시간문제이다. −1을 곱한다는 것은 허수 단위 i를 두 번 곱하는 것과 같고, 그 결과는 180도의 회전 변환이었다. 따라서 임의의 실수 a에 허수 단위인 $i(=\sqrt{-1})$를 한 번만 곱한 ai는 원래 실수 a가 놓여 있는 수직선을 90도만큼 회전한 위치에 있는 것으로 간주할 수 있다. 사고의 범위를 일차원 직선에서 이차원 평면으로 확장하면 가능하다. 그런데 90도 회전을 시계 방향과 시계 반대 방향, 둘 중의 어디로 해야 할까? 결론부터 말하면, 어느 방향으로 설정하든 아무 문제가 없다. 이 부분은 잠시 후(161쪽)에 알아보도록 하자. 이제 마침내 우리 눈으로 허수를 볼 수 있게 되었다.

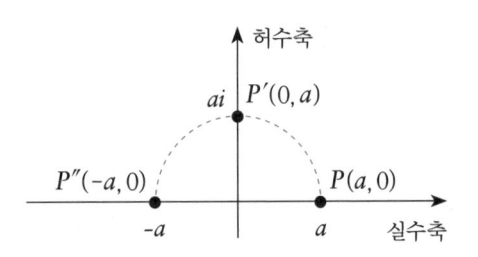

그림에서 보듯이 이제부터 언급하는 모든 점은 직선이 아닌 평면 위에 놓여 있는 것으로 간주해야 한다. 한 점의 위치를 나타내는 데 하나의 수가 아닌 두 개의 수가 필요하다는 의미다. 따라서 실수 a를 나타내는 점은 평면 위의 x축 위에 놓여 있으므로, $P(a, 0)$라고 표기할 것이다. 그리고 허수 ai는 이 점을 시계 반대 방향으로 90도만큼 회전한 것으로, 좌표 $P'(0, a)$가 된다.

허수 ai에 다시 허수 단위인 i를 곱하면 $-a$가 된다. 다음 그림에서 보듯이, 이 점은 y축 위에 있던 점 $P'(0, a)$가 시계 반대 방향으로 90도만큼 회전한 것이다. 좌표 $P''(-a, 0)$로 나타낼 수 있다.

이상을 정리하면 다음과 같다. 실수축(x축)을 90도 회전한 새로운 축(y축)에 있는 모든 점은 바로 실수에 허수 단위인 i를 곱한 허수들로 구성되어 있다. 이를 허수축이라 하자. 그리고 실수축과 허수축 두 개의 축에 의해 하나의 평면이 만들어지는데, 이를 복소평면이라 하자. 복소평면은 흔히 보는 좌표평면과는 다른 평면이다. 좌표평면에서는 두 개의 축이 모두 실수이고, 그래서 일차함수나 이차함수, 삼각함수 등의 그래프를 그릴 수 있다. 복소평면은 이와는 전혀 다른 평면이므로 혼동해서는 안된다.

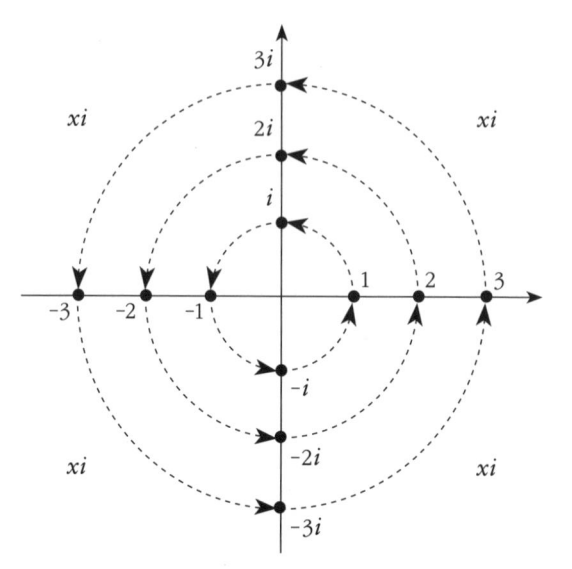

그렇다. 지금까지 설명한 바와 같이 복소평면은 어느 날 갑

자기 하늘에서 뚝 떨어진 것이 아니다. 그럼에도 불구하고 대부분의 교과서는 다음과 같이 복소평면의 결과만 느닷없이 보여줄 뿐이다. 이미 알고 있는 좌표평면과 어떻게 다른지 구별하기 정말 쉽지 않다.

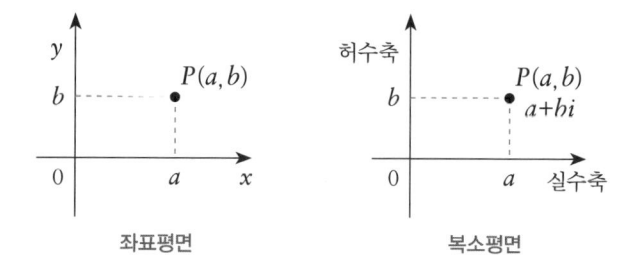

좌표평면과 복소평면은 모양은 같지만, 구조와 의미는 전혀 다르다.

복소평면은 앞에서 살펴본 것처럼 우리에게 익숙한 실수들만 놓여 있던 수직선을 조작해 탄생한 것이다. 그것은 실수에 대한 허수 단위인 i의 곱을 90도 회전 변환으로 해석하는 발상의 전환을 통해 만들어졌다. 복소평면 위의 모든 점은 x축(실수)과 y축(허수)에 의해 위치를 나타낼 수 있고, $P(a, b)$라고 표기할 수 있다. 그리고 이는 실수와 허수가 결합한 복소수 $a+bi$를 나타낸다. 물론 이때의 덧셈 기호 '+'는 실수에서의 덧셈 기호와는 그 의미가 전혀 다르다. 연산의 의미가 아니라 실수와 허수의 결합을 나타낼 뿐이다. 그렇다고 하여 연산 조작이 불가능한 것은 아니다. 나름의 연산이 이루어지는 규칙이 있으니, 이에 대한 설명은 잠시 후에 살펴보자. 하나의 실수가 수직선 위의 한 점에 대응하고 수직선 위의 한 점은 하나의 실수로 표현되듯이, 하나의 복소수는 복소평면 위의 한 점으로, 복소평면 위의 한 점은 하나의 복소수로 나타낼 수 있다. 그렇다면 복소수도 눈으로 확인할 수 있으니, 실수처럼 실제로 존재하는 수라고 말할 수 있을까?

복소수를 더하고 곱하다

허수의 연산은 단순하다. 허수 단위 i에 임의의 실수 a와 b를 곱한 두 허수 ai와 bi의 합은 허수가 되는데, 그 값은 실수끼리 더한 값을 곱한 $(a+b)i$이다. 예를 들어, $2i$와 $3i$라는 두 허수를 더한다는 것은 실수인 2와 3을 더한 5에 허수 단위 i를 곱한 값 $5i$가 된다. 따라서 허수끼리 더하는 것처럼 보이지만, 실제는 실수끼리의 덧셈과 다르지 않다.

허수의 곱셈은 정의에 의해 다음과 같은 식을 자연스럽게 추론할 수 있다.

$$i^2 = -1$$

$$i^3 = i^2 \times i = -i$$

$$i^4 = i^2 \times i^2 = (-1) \times (-1) = 1$$

i를 네 번 곱하면 다시 1이 되는 순환 과정을 거치므로, 모든 허수의 곱은 위의 곱셈을 벗어나지 않는다.

이렇듯 허수의 연산은 어려움이 없지만, 허수와 실수가 결합한 복소수의 연산은 다른 양상을 보인다. 우선 $(2+3i)+(-3+2i)$라는 두 복소수의 덧셈을 예를 들어 살펴보자.

두 복소수는 그림에서와 같이 좌표평면 위에 각각 위치한다. 따라서 $2+3i$와 $-3+2i$는 복소평면 위에서 순서쌍 P(2, 3)와 Q(-3, 2)로 표기할 수 있다. 두 순서쌍 P(2, 3)와 Q(-3, 2)를 더한다는 것은 무엇을 의미하는 것인가? 평면 위 실수축의 두 수의 덧셈인 2+(-3)과 허수축의 두 수의 덧셈인 $3i+2i$를 말한다. 그 결과인 $-1+5i$를 그림에서 확인할 수가 있다.

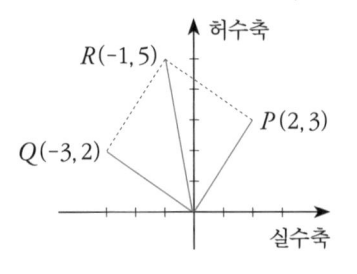

이때 복소수 2+3*i*에 들어 있는 + 부호는 연산의 의미가 아니라 실수와 허수를 연결하는 기호이다. 그렇지만 위의 덧셈식에서 두 복소수를 연결하는 +는 연산 기호임에 주목하라. 형태는 같지만 그 의미가 다르다.

어쨌든 두 복소수를 더한 결과를 복소평면 위에 나타내면, 원점과 두 복소수를 잇는 두 변으로 성립하는 평행사변형의 대각선을 이루는 제 4의 꼭짓점이 된다는 기하학적 해석이 가능하다.

이제 두 복소수의 곱셈에 대해 알아보자. 예를 들어 $(2+3i)$ ×$(3+i)$의 곱셈을 알아보자. 여기에는 다음과 같은 분배법칙을 적용할 수 있다.

$$(2+3i) \times (3+i) = (2+3i) \times 3 + (2+3i) \times i$$

실수의 곱셈과 허수의 곱셈이라는 두 가지로 나누어 생각해보자. 먼저 복소수에 실수를 곱하는 것은 그리 문제되지 않는다. $(2+3i) \times 3 = 6+9i$이므로 실수와 허수 부분에 각각 3을 곱한 값으로서, 복소평면 위에서는 원점으로부터 3배 확장된다는 기하학적 의미를 부여할 수 있다.

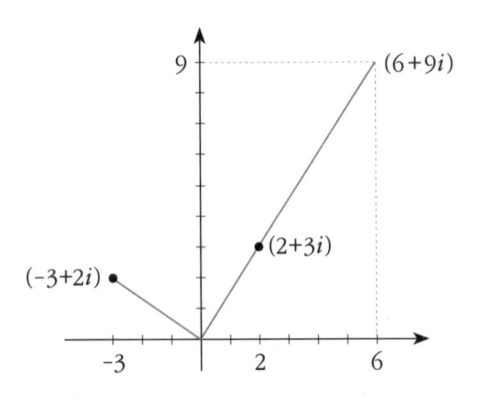

이번에는 복소수에 허수를 곱한 결과가 어떤 기하학적 의미를 가지게 되는지 알아보자. 예를 들어 $2+3i$에 허수 단위 i를 곱하면 어떤 결과를 얻을 수 있을까? 계산은 그리 어렵지 않다.

$$(2+3i) \times i = 2i + 3i^2$$
$$= -3 + 2i$$

곱의 결과, 실수 2는 허수 $2i$가 되었고 허수 $3i$는 부호가 바뀌면서 실수 -3이 되었다. 이를 복소평면 위에 나타내면, 기하학적으로 중요한 사실을 발견할 수가 있다.

단위 허수를 곱한 결과인 $-3+2i$는 원래의 복소수 $2+3i$를 원점을 중심으로 90도 회전하였을 때의 위치에 있게 된다. 이미 앞에서 임의의 실수에 허수 단위 i를 곱하는 것을 원점을 중심으로 90도 회전이라는 기하학적 변환과 동일시했던 것을 떠올리면, 충분히 예상할 수 있었던 결과이다. 그래도 참 놀랍고 신기할 따름이다.

한편, 실수와 허수를 각각 곱한 결과에는 또 다른 의미를 부여할 수 있다. 그런데 복소수를 나타내는 다른 표현인 이른바 극형식을 도입하여 설명하여야 하므로, 아쉽지만 우리의 논의는 여기서 그쳐야 할 것 같다.

복소수의 연산은 이쯤에서 마무리하고 마지막으로 소위 켤레복소수를 알아보도록 하자. 우리는 앞에서 실수 a에 i를 곱한 허수 ai가 실수축을 90도만큼 회전하는 변환에 의해 좌표점이 정해지는 것을 보았다. 그리고 똑같은 원리가 모든 복소수에 그대로 적용되는 것을 알 수 있었다. 이처럼 유클리드 평면은 새로운 복소수의 세계로 확장하는 복소평면으로도 활용된다. 지금까지 우리는 원점을 중심으로 시계 반대 방향으로 90도 회전시키는 변환만을 생각하였다. 그런데 만일 시계 방향으로 90도 회전시키는 변환으로 설정하면 어떤 변화가 일어날까?

결론부터 말하면 아무런 변화도 일어나지 않는다. i가 단지 $-i$로 바뀔 뿐이다. 복소평면에서 x축을 기준으로 위와 아래만 바뀐다는 뜻이다. 예를 들어, $2+3i$였던 복소수가 $2-3i$라는 복소수가 될 뿐이다. 이처럼 $2+3i$와 $2-3i$라는 두 개의 복소수는 실수 부분은 동일하지만 허수 부분의 부호가 반대인데, 두 복소수를 서로 각각의 켤레복소수라고 한다. 이들은 마치 서로 거울에 비친 자신의 모습과 같다.

켤레복소수 사이의 관계는 연산을 통해 확인할 수 있다.

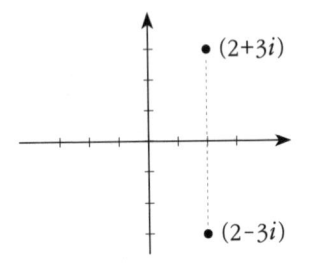

우선 두 복소수 2+3i와 2-3i를 더해보자. (2+3i)+(2-3i) = 4로, 허수 부분이 상쇄되어 실수가 된다.

이번에는 켤레인 두 복소수 1+2i와 1-2i를 서로 곱해보자.

(1+2i)(1-2i)=1-(2i)^2=1-(-4)=5가 되어, 마찬가지로 허수 부분이 사라지고 실수만 남는다.

이번에는 서로 켤레인 두 복소수 1+2i와 1-2i를 각각 제곱해보자.

$$(1+2i)^2 = 1+4i+(2i)^2 = -3+4i$$
$$(1-2i)^2 = 1-4i+(-2i)^2 = -3-4i$$

제곱한 결과인 두 복소수도 서로 켤레복소수라는 것을 알

수 있다.

따라서 켤레복소수는 허수의 부호만 다를 뿐, 대수적으로 구별이 되지 않는 동일한 객체라는 것을 알 수 있다. 이들은 마치 일란성 쌍둥이와도 같아서 거울에 비친 자신의 이미지처럼 서로 대칭관계를 이룬다.

크기를 비교할 수 있을까

마지막으로 복소수의 크기 비교에 대하여 알아보자. 앞서 언급했듯이 복소평면은 데카르트가 고안한 좌표평면과는 다르므로, 이들은 서로 구별되어야 한다. 복소평면의 허수축은 실수로 이루어진 좌표평면의 y축과는 다르다.

예를 들어보자. 좌표평면의 y축에 있는 두 점 P(0, 2)와 Q(0, 3)에서 2와 3은 어느 것이 더 큰지 판별할 수 있다. 위에 있는 3이 아래에 있는 2보다 크다는 사실은 분명하다. 복소평면에서도 이와 같은 방식으로 크기를 구별할 수 있을까? 예를 들어 허수축에 있는 두 허수 $2i$와 $3i$를 놓고 '$3i$가 $2i$보다 크다'고 말할 수 있을까? 결론부터 밝히면, 불가능하다. 그 이유를 알아보자.

실수의 경우에는 두 실수 a, b 사이에 다음 세 가지 가운데 어느 하나가 반드시 성립해야 한다.

$$a > b \ \text{ 또는 } \ a = b \ \text{ 또는 } \ a < b$$

크거나 작거나 아니면 같을 수밖에 없다. 그렇다면 a, b 가운데 어느 한쪽이 큰지, 작은지 또는 같은지를 알아보려면 어떻게 해야 할까?

두 수의 차이인 $a-b$를 구하여 양수인지, 음수인지, 아니면 0인지 알아보면 된다. 왜냐하면 $a-b$의 결과는 반드시 다음 세 가지 중의 어느 하나이기 때문이다.

$$a-b > 0 \ \text{ 또는 } \ a-b = 0 \ \text{ 또는 } \ a-b < 0$$

어떤 실수이든 양수이거나 음수이거나 아니면 0이어야 하기 때문이다. 따라서 두 수 a와 b의 크기를 비교하려면 두 수의 차이인 $a-b$가 양수인지, 0인지 또는 음수인지를 밝히고, 그에 따라 $a > b$ 또는 $a = b$ 또는 $a < b$ 가운데 어느 하나를 선택하면 된다. 지금까지의 추론은 어떤 실수이든 양수이거나 0이거나 음수

이거나 세 가지 중의 하나라는 사실이 토대가 되었다. 수직선 위의 임의의 한 점이 원점이 아니라면, 그 점은 원점의 오른쪽에 있거나 왼쪽에 있다는 사실을 떠올리면 수긍될 것이다.

대단히 유감스럽지만 이와 같은 논리가 허수의 세계에서는 통용되지 않는다. 혹자는 허수축을 떠올리며 원점을 중심으로 윗부분에 i, $2i$, $3i$ …, 아랫부분에 $-i$, $-2i$, $-3i$ …가 놓여 있으니, 크기를 구별할 수 있지 않느냐고 고개를 갸웃거릴 수도 있다. 하지만 이들은 실수축을 90도 회전한 일종의 모형일 뿐, 시계 반대 방향이건 시계 방향이건 상관이 없다는 점을 밝힌 바 있다.

예를 들어 $-3i$ 라는 수의 '-' 부호는 음수를 뜻하는 것이 아니다. 임의의 실수가 0을 중심으로 오른쪽에 있는가 또는 왼쪽에 있는가는 이미 정해진 그 수만의 절대적인 성질이다. 하지만 허수의 경우에는 위치를 임의로 정할 수 있으니 절대적인 것이 아니다. 이제 허수의 크기를 비교할 수 없다는 사실, 즉 허수는 0보다 크거나 작다라는 사실이 성립하지 않음을 밝혀보자.

(1) 만일 $i=0$이면, 양변에 i를 곱하여 다음 식을 얻을 수 있다.

$$i \cdot i = i \cdot 0$$

그런데 $i^2 = -1$이므로, 이는 $-1 = 0$이 되어 모순이다.

그러므로 $i = 0$이 아니다.

(2) $i > 0$이라고 하자. 양변에 양수 i를 곱하면 부등호의 방

향은 그대로 보존되므로 다음 식이 성립한다.

$i \cdot i > i \cdot 0$

그런데 $i^2 = -1$이므로, 이는 $-1 > 0$이 되어 모순이다.

그러므로 $i > 0$이 아니다.

(3) $i < 0$이라 하자. 양변에 음수 i를 곱하면 부등호의 방향

은 반대로 되므로 다음 식이 성립한다.

$i \cdot i > i \cdot 0$

그런데 $i^2 = -1$이므로, 이는 $-1 > 0$이 되어 모순이다.

따라서 $i < 0$이 아니다.

(1), (2), (3)으로부터 허수 단위인 i는 0도 아니고 양수도 음

수도 아니다.

　

귀류법에 의해 어떤 허수이든 0이 될 수 없고, 그렇다고 0보

다 크지도 않고 또한 작지도 않음이 증명되었다. 이로부터 우리

는 두 허수의 크기 비교가 불가능하다는 것, 다시 말해 부등호를

사용하여 나타낼 수 없다는 결론을 얻는다. 이는 실수와 허수의

근본적인 차이이다. 허수끼리도 도대체 어느 수가 큰가를 말할

수 없으니, 한동안 수학자들이 허구의 수라고 인식한 것을 탓할

수는 없지 않을까? 그럼에도 우리는 허수를 복소평면 위에 나타내어 눈으로 확인할 수 있었다. 그렇다면 실수와 허수가 모두 실제로 존재한다고 말할 수 있을까? 과연 보이면 존재하는 것일까?

수학식,
보이지 않는 색채의 그림

다음 두 그림을 보라.

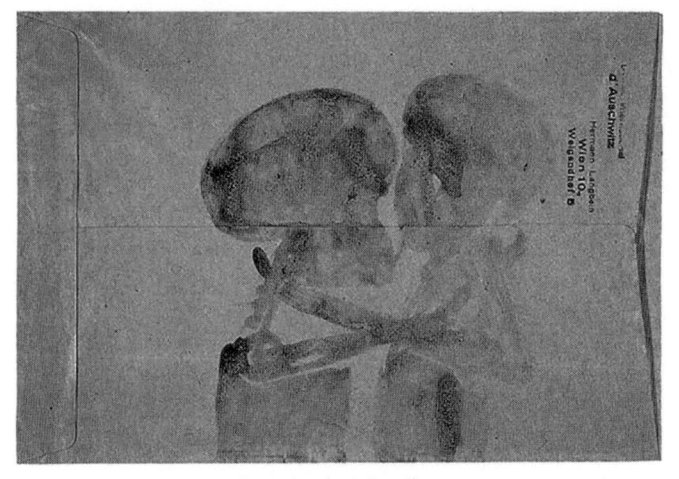

요제프 보이스, 〈죽음과 소녀〉, 1957.

요제프 보이스, 〈샤먼 집에서의 처면〉, 1961.

두 그림 모두 세계적인 현대 미술가 중의 한 사람인 요제프 보이스의 작품이다. 그림을 감상하고 나서 사람들은 어떤 반응을 보일까? 현대 미술에 대한 이해 수준에 따라 다르겠지만, 긍정적인 감상평을 기대하기는 어려울 것 같다. 프랑크 슐츠의 《현대 미술, 보이지 않는 것을 보여주다》(황종민 역, 미술문화)에는 다음과 같은 글들이 전시회 방명록에 남아 있었다고 전한다.

"미술은 이런 게 아니야. … 유치원 아이들도 이보다는 잘 그리거든. … 애들 그림에서는 뭔지 알아볼 수라도 있지."

"미술에 대한 내 개념을 갈아치워야 하나. 전부 쓰레기들만 모아놓은 것 같은데."

"내가 생각하기에, 이건 보이스의 창의성이 아니라 정신병이 표현된 것이다."

"이건 미술도 아니야. 그나마 다행인 것은 그가 살아 있지 않다는 것이지. 정신병원에나 있어야 할 사람 같으니까."

"정말 괴상하기 짝이 없네! 여기에는 내 그림을 전시해도 되겠어."

이번에는 다음 두 개의 수학식을 보라.

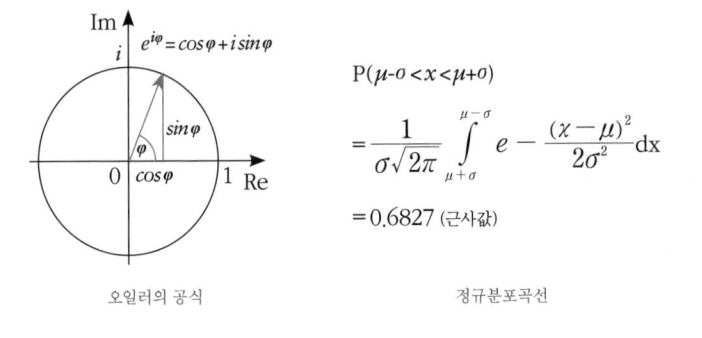

오일러의 공식   정규분포곡선

오일러의 공식과 정규분포곡선을 나타내는 수식이다. 보이스의 그림이 미술인들에게 익숙하듯이, 두 개의 식은 수학을 하는 사람들에게는 매우 친숙하다. 하지만 대부분의 일반인들이 보이는 반응은 보이스의 그림에서 맞닥뜨린 것과 같은 당혹감 외에 달리 설명할 길이 없을 것이다. 그렇다고 보이스 그림에서와 같이 불편한 심기를 마구 드러내 보이지도 못한다. 수학이라는 학문의 권위에 맞서기 어렵기 때문이다.

수학자들은 이러한 수학식에 누군가 관심을 보이면 이렇게 천연덕스럽게 말한다.

"상상해보세요. 보이지 않는 색채로 그려진 그림이라고."

영화에 나오는 대사이다. 인도의 불우한 천재 수학자를 그린 〈무한대를 본 남자〉에서 라마누잔이 자신의 무지렁이 아내에게 그렇게 말했다.

보이지 않는 색채라니! 그리고 상상하라니! 그림에 문외한인 필자는 요제프 보이스의 그림에서 이보다 더한 강요를 느꼈다. 방명록에 글을 남긴 관람객들도 그랬을 것이다.

보이스의 그림은 누군가의 도움을 조금 받으면 완벽하지는 않더라도 어느 정도 이해할 수가 있다. 이를 테면《요제프 보이스 우리가 혁명이다》(송혜영 지음, 사회평론) 같은 책은 그 실마리를 제공한다. 다음은 같은 책에 수록된 해설의 일부분이다.

갈색 편지봉투 위에 흙색의 희미한 형상만이 드러난 〈죽음과 소녀〉에서는 앙상하게 뼈만 남은 상반신의 두 인물이 서로 껴안고 있다. 여기서 해골은 '메멘토 모리'Memento mori의 도덕적 경구보다는 피할 수 없는 육체의 붕괴 과정을 전해주며, 오른쪽 상단에 찍힌 아우슈비츠 국제위원회의 발신자 스탬프는 고통 속에 세상을 떠난 수많은 유대인들의 허무한 존재를 일께워준다.

평론가들의 글을 접할 때면 늘 꿈보다 해몽이라는 말이 떠오르는데, 이번에도 다르지 않다. 그렇다고 반박할 처지도 못된다. 만일 누군가에게서 이런 설명을 듣는 상황이라면, 그저 팔짱이나 낀 채 고개를 끄덕거리며 공감하는 듯한 표정을 지을 수밖에 없을 것이다. 그래도 여전히 뭔가를 강요당하는 것 같은 어색하고 껄끄러운 느낌이다.

해설을 접하고 나니까 비로소 보이지 않던 것들이 보이는 것 같다. 소녀가 보이고, 해골이 보인다. 오른쪽 글이 스탬프라는 사실도 알게 되었다. 게다가 아우슈비츠 발신이라고 하니 어느 정도 상황 파악도 이루어졌다. 역시 아는 만큼 보인다는 말이 맞는 것 같다. 그렇다 해도 '메멘토 모리'라는 라틴어 경구까지 끄집어내야 할 상황인지는 선뜻 동의하기 어렵다.

두 번째 그림 〈샤먼 집에서의 최면〉도 같은 책에 의존하면 이해할 수 있다. 책을 읽기 전까지는 주술 의식을 행하는 얼굴 없는 샤먼을 묘사한 것인지조차 알아보지 못했다. 주술 행위는 고사하고 그림에 샤먼이 등장한다는 사실도 파악하지 못했다. 제목에 들어 있어도 그림에서 샤먼을 떠올리기는 정말 어려웠다. 샤먼의 얼굴이 없다는 사실도 책을 읽고 그림을 자세히 들여다보고 알게 되었다. 난해한 수학 공식을 접할 때 일반인들이 느끼는 공포감과 좌절감이 이와 다르지 않겠다는 생각이 든다. 그림은 이처럼 한 번의 해설로 어느 정도 이해의 폭을 넓힐 수 있지만, 수학식은 그렇지 않으니 더더욱 어려울 것이다.

다시 그림을 보니 이제 샤먼의 모습이 조금씩 눈에 들어오기 시작한다. 여성의 가슴과 남성의 성기가 함께 있는 특이한 부분도 발견하였다. 책에 따르면, 물질적이고 정신적인 것을 하나로 연결하는 것을 샤먼으로 간주하는 보이스의 관점이 여성과 남성의 양극성을 통합하는 것으로 나타난 것이라고 한다. 글쎄다. '벌거벗은 남자 위에 벌거벗은 여자가 올라탄 것' 같은 느낌이 여전히 가시지 않거늘. 그림에 대한 나의 이해 수준을 보여주는 것이리라. 현대미술은 정말 어렵다.

그런데 프랑크 슐츠는 필자를 포함하여 대부분의 사람들이 현대미술에 대하여 가지는 불편함이 그림 자체에 대한 잘못된 인식에서 비롯된 것이라고 주장한다. 사람들은 미술 작품을 보면서 그것이 무엇을 묘사한 것인지를 알고자 한다는 것이다. 무엇을 그렸는지 분명히 답할 수 있어야만 그 작품을 예술로 인정하는 문화 속에서, 전시회 방명록에 남겨진 거친 반응이 나오게 되었다는 것이 슐츠의 설명이다. 하지만 슐츠는 그런 반응은 그림이 외부 세계를 묘사한 것이라는 잘못된 인식과 편견에서 비롯되었다고 주장한다. 미술이 외부 세계를 반영하는 것이 아니라면, 그렇다면 미술은 정말 무엇을 보여주려는 것일까?

미술가들은 깊은 내면에서 느끼고 생각하는 것, 자신의 기쁨과 두려움, 희망과 절망, 의식조차 못하는 욕구, 삶에 대한 관점 등등, 즉 내면의 보이지 않는 세계를 그림에 표현한다. 보이지 않는 것을 보여주려는 것이 미술이다.

슐츠의 말에 따르면, 미술을 감상하기 위해서는 먼저 미술가를 알아야 한다. 그들의 내면 상태가 어떠하며, 세상을 어떻게 바라보고 느끼는가를 파악하고 공감해야 한다. 정말 어렵고 어쩌면 불가능할 수도 있다. 곁에 같이 살고 있는 사람도 제대로 알기 어려운데, 미술가의 내면세계를 이해해야 한다니. 현대미술이 어려운 이유이다. 결국 미술이 외부 세계의 어떤 대상을 단순 묘사하는 것이 아니라는 것, 그리고 작가가 오랜 시간에 걸쳐 이룩한 지적 활동의 결과물이라는 사실을 이해해야 한다. 미술에 대한 이러한 관점은 벨기에의 초현실주의 작가 르네 마그리트의

〈이미지의 배반〉이라는 작품에서 극명하게 드러난다.

르네 마그리트, 〈이미지의 배반〉, 1929.

이 그림은 요제프 보이스의 그림과는 달리 명쾌하다. 멋진 모양의 파이프 그림과 프랑스어로 'Ceci n'est pas une pipe'(이것은 파이프가 아니다)라는 글이 전부다. 파이프를 그려놓고 파이프가 아니라고 주장하다니! 보이는 그림은 현실 그 자체가 아니고, 그저 현실을 가리키고 의미할 뿐이라는 메시지다. 그림이 사물 자체가 아님에도 불구하고 그렇게 인식하는 우리 자신의 그림에 대한 잘못된 인식을 지적한 슐츠의 견해에 동의하지 않을 수 없다.

우리가 미술에 얼마나 잘못된 편견을 가지고 있는지를 고

스란히 드러내 보여주는 작품이다. 그럼에도 우리는 이렇게 묻고 대답하는 버릇을 버리지 못한다. '이 그림은 무엇인가?' '그것은 소녀이다.' '그것은 직육면체이다.' '그것은 꽃이다.'

르네 마그리트도 자신의 작품에 대해 이렇게 말했다.

당신은 제 파이프에 담배를 채울 수 있습니까? 그럴 수 없지요. 그것은 단지 묘사일 뿐이니까요. 만일 제 그림 아래 '이것이 파이프이다'라고 썼다면 저는 거짓말쟁이가 되었겠죠!

그리고 40여 년이 흐른 지난 1966년 그는 〈두 가지 신비〉라는 작품을 내놓았다.

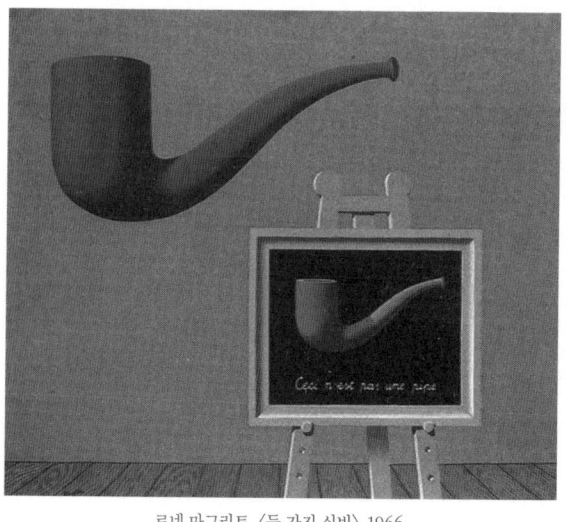

르네 마그리트, 〈두 가지 신비〉, 1966.

작품 속에는 두 개의 파이프가 들어 있다. 그런데 정말 두 개의 파이프일까? 이젤 속의 파이프는 위에 있는 파이프를 그린 그림이라 해야 하지 않을까? 그렇다면 위에 있는 파이프는 정말 파이프일까? 아니면 어떤 파이프를 그린 그림이라고 해야 할까?

〈이미지의 배반〉이 너무나 당연한 사실을 말해 우리를 당황하게 만들었다면, 〈두 가지 신비〉는 우리의 그런 당혹감을 불러일으키는 모호성을 의도적으로 증폭시킨다. 한 가지 사실은 분명하다. 보이는 것이 전부가 아니라는 사실이다. 보이는 그림은 결국 작가의 내면세계를 나타내기 위하여 작가의 손이 아닌 머리로 빚은 지적 활동의 결과물이라는 사실을 깨달을 수 있다.

그런데 슐츠는 여기서 머물지 말고 한 걸음 더 나아갔어야 했다. 그림에 대한 대중의 잘못된 인식을 정확하게 짚어낸 것은 의미가 있지만, 그것은 현상의 기술에 불과했다. 사람들이 그런 오해와 편견에서 벗어나지 못하는 이유까지 설명했어야 했다. 전통과 관습의 굴레가 사람들을 그렇게 속박했다는 사실을 말이다.

눈에 보이는 것을 일정한 방식으로 모방하는 묘사는 인류 역사와 함께 시작되었다. 수만 년 전의 선사시대, 아니 어쩌면 그보다 훨씬 이전부터 사람들은 그림을 그리기 시작했다. 슐츠가 사람들의 잘못된 인식이라고 지적한 '외부 세계에 대한 정확한 반복'이나 '사물의 묘사'는 그때부터 시작되었다. 그 같은 관습에서 벗어나 지적 활동으로 탈바꿈한 현대미술의 역사는 고작 150

년밖에 되지 않는다. 따라서 전문가가 아닌 일반 대중이 그림에 대한 전통적인 인식에서 벗어나 현대미술을 이해하기는 어려운 일이 아닐 수 없다. 역사상 유례없이 그림이 차고 넘치는 세상이지만, 우리는 여전히 그림을 찬찬히 감상할 시간과 여유를 갖지 못한 채 살고 있다. 미술에 대한 사람들의 인식이 전통과 관습의 굴레에서 쉽게 벗어날 수 없는 환경을 슐츠는 지적했어야 했다.

요제프 보이스의 〈죽음과 소녀〉나 〈샤먼 집에서의 쵸먼〉을 감상하는 것은 '보이지 않는 색채로 그려진 그림을 상상'해야 하는 수학식에 대한 이해와 맥락을 같이한다. 겉으로 드러난 수식만 보고 거기 들어 있는 숫자나 기호를 조작하는 데서 멈추면, 그림 속 파이프를 진짜 파이프로 여기는 것과 다르지 않다. 우리는 지금까지 +, −, ×, ÷라는 평범한 연산 기호가 똑같은 기호임에도 불구하고 전혀 다른 상황에서 전혀 다른 의미로 활용되는 사례들을 살펴보았다. 따라서 사칙연산을 제대로 이해하기 위해서는 그 기호가 사용되기까지의 창조과정과 겉으로 보이는 기호의 이면에 들어 있는 내적 사고과정에 이를 수 있어야 한다.

현대미술의 진정한 감상은 작가의 내면에 흐르는 감정과 느낌, 더 나아가 특정 시대 사람들의 삶과 세계에 대한 이해가 전제되어야 한다. 그렇듯이 수학 기호와 공식 그리고 수학적 모델을 제대로 이해하기 위해서는 그것을 창안한 사람의 인지과정을 읽어내고 그 흐름을 따라갈 수 있어야 한다. 수학 기호와 모델은 세상을 파악하는 인지적 사고과정에 의해 발견된 일정한 패턴을 드러내 보인 결과물이기 때문이다. 보이는 것이 전부는 아니지만, 일단 드러내 보여야 개념의 존재를 확인할 수가 있음은 앞서 복소평면의 세계에 이르는 과정에서 충분히 실감할 수 있었을 것이다.

그림을 외부 세계의 정확한 묘사로 인식하여 겉으로 보이는 것에만 집착하는 사람들의 버릇은 수학의 경우도 다르지 않다. 현대미술을 접할 기회가 흔치 않은 것처럼, 일반 사람들은 현대 수학을 접할 기회가 거의 없다. 학교에서 배우는 수학의 내용은 대부분 2천년 이전의 것이다. 당연히 학교 수학 역시 전통과 관습의 굴레에서 벗어날 수 없다. 그 결과 21세기인 오늘날에도 학교 수학은 '이렇게 저렇게 따라 하면 답을 구할 수 있다'는 레시피를 알려주는 요리책 수준에 머물러 있다. 사람들이 그림을 보면서 '이 그림은 무엇이지?' 묻고는 '꽃이다' '건물이다' 하고 대답하는 버릇에서 벗어나지 못하듯이, 계산 기능을 수학이라 여기는 잘못된 습관에서 헤어나지 못하고 있다. 그 대표적인 사례로 한때 뛰어난 능력으로 세인의 주목을 받았으나 지적 성장이 멈춰버린 '계산 천재'들의 이야기를 프롤로그에서 소개한 바 있다.

사물을 정확하게 묘사하는 것을 더 이상 미술이라 하지 않듯이, 싸구려 계산기 흉내를 내는 것도 더 이상 수학이 아니다. 손 안에 모바일폰이라는 소형 컴퓨터를 들고 다니는 오늘날에는 더욱 그러하다. 슐츠가 현대에 걸맞은 미술에 대한 관점이 무엇인지 알려주려고 그랬던 것처럼, 이 책의 목적은 오늘날에 걸맞은 수학이 무엇인지 알려주는 것이다. 그래서 사칙연산이라는 가장 단순한 수학 세계를 소재로 하였다. 현대미술이 그렇듯이 수학도 보이지 않는 것을 볼 수 있도록 하는 것이기에.

완고하게 이어져오던 데생 실습이 미술대학 입시에서 사라져가고 있다. 그림에도 불구하고 로마시대 서양인들의 석고상이나 본떠 그려야 미술가가 되는 줄 아는 관행은 멈출 줄 모른다. 수학에서도 기계적인 반복 계산에 몰두하는 바보들의 힘찬 행진이 여전히 계속되고 있다.

169쪽 Joseph Beuys, 'Death and the Girl', 1957.
170쪽 Joseph Beuys, 'Trance in the House of the Shaman', 1961.
176쪽 René Magritte, 'La trahison des images', 1929.
177쪽 René Magritte, 'The two mysteries', 1966.